大师书笺

How do we know?

Letters for April

U0325910

Alan Macfarlane

给四月的信

我们如何知道

【英】艾伦·麦克法兰 著

马　啸 译

生活·讀書·新知 三联书店

本书出版受到英国剑桥大学康河计划，英国保护即将消失的世界基金会，中国四川大学喜马拉雅多媒体数据库项目支持。

图书在版编目（CIP）数据

给四月的信：我们如何知道 ／（英）麦克法兰著；马啸译．—北京：生活·读书·新知三联书店，2015.10
（大师书笺）
ISBN 978－7－108－05266－7

Ⅰ．①给…　Ⅱ．①麦…②马…　Ⅲ．①人类学－善及读物
Ⅳ．① Q98-49

中国版本图书馆 CIP 数据核字（2015）第 043880 号

丛书策划　张志军　王子岚
丛书编辑　刘　靖　李静韬
责任编辑　李静韬　杨学会
装帧设计　薛　宇
责任印制　崔华君
出版发行　**生活·讀書·新知** 三联书店
　　　　　（北京市东城区美术馆东街 22 号　100010）
网　　址　www.sdxjpc.com
经　　销　新华书店
印　　刷　北京市松源印刷有限公司
制　　作　北京金舵手世纪图文设计有限公司
版　　次　2015 年 10 月北京第 1 版
　　　　　2015 年 10 月北京第 1 次印刷
开　　本　880 毫米×1092 毫米　1/32　印张 4.625
字　　数　66 千字
印　　数　0,001－8,000 册
定　　价　22.00 元
（印装查询：01064002715；邮购查询：01084010542）

献给我所有的中国朋友

——特别写给四月小友

目　录

序：世界应是四月天

英国剑桥大学的艾伦·麦克法兰教授通过译者将他的新著《给四月的信——我们如何知道》寄给我，希望我为其作序。曾与麦克法兰教授有过一面之缘。那一次，他专程到民进中央访问，这位超过七十岁的老人谈锋甚健，思维敏捷。我们谈哲学，谈人类，谈互联网，谈教育，谈阅读，越谈越深入越投机，像一对早已熟悉的忘年之交。

事后，他送我一本由商务印书馆出版的《给莉莉的信——关于世界之道》。这本书是他写给外孙女莉莉的三十封信，围绕关于人生、知识、信仰、权力、人际关系等方面的问题，给出了深入浅出的回答，智慧而温暖。后来，这本书入选中国中学生基础阅读书目，成为向高中生推荐的一百本书之一。

现在的这本书，可以视为《给莉莉的信》的姐妹篇。如果说《给莉莉的信》更多涉及人生与世界的"道",《给四月的信》则更多涉及认识人生与世界的方法,即如何"知道"。

我们如何才能知道?我们如何认识世界?当然需要借助工具。无论是着重描摹世界的文字语言,还是致力改变世界的技术革命,所有方法都是我们的"智慧解剖刀",既可以用来解剖外在的物质世界,也可以用来解剖内在的心灵世界。借解剖而了解,从而帮助我们在此基础上建构新的世界。

人类发展到今天,不仅知识的积累突飞猛进,而且传播知识的方式也早已多次发生颠覆性的改变。按照本书介绍学者莫纳科提出的观点,就能归纳出四种:依靠人与人之间直接传递的表演阶段;依靠语言文字间接传递的表述阶段;依靠声音图像记录的影像阶段;依靠人人平等互动的互联网阶段。

尤其是当下正处于的第四个阶段,和过去相比变化更为显著:不仅世界变成一个家园,知识的传递更快捷平等,而且传授的方式和模式也发生着深刻变化。过去老师和学生之间居高临下、我教你学,现在完全可以颠倒过来,师生共同面对问题,老师不一定比学生懂得多，学生在某一个领域可能超越老师；过去在学校上课学习，回家做作业，现在完全可以在家里学习，在教室里解疑释惑；甚至，今后知识的学习已不再是学校教育最重要的部分，学生在网络上、家里和其他社区中都可以获得知识，教师更重要的是"授人以渔"，是要教授如何学习知识的知识。

麦克法兰在书中介绍了一组骇人听闻的数据：我们现在的电脑拥有相当于一个老鼠大脑的能力。而到2025年左右，电脑就可以与人类大脑具有等同的能力。预计到2050年左右，一台电脑拥有的能力将相当于地球上所有人类大脑的能力的总和。

按照这个判断，未来社会电脑主宰人脑也许会成为现实。但我更相信，最先进的电脑也是人类大脑的发明。人创造的工具，是人力朝向无垠的拓展。人既然能够创造出功能强人的电脑，也一定能够学会运用。问题只是在于教育要应对这种前所未有的变化与挑战。正如麦克法兰指出的，现在的孩子面临的是与他们的父辈祖辈完全不同的世界，他们"不仅需要与过去彻底决裂，还必须要为未知的明天经受训练"。不仅孩子们如此，"整个社会都必须要面临这样的任务"。

在这样纷繁复杂的当下，我们如何把握"知道"的本质，如何从"知"的过程中拥有"道"？我想，智慧当然重要，"智慧解剖刀"需要磨砺，但比智慧更重要的，也许是人性根本处那些柔软的事物，比如人类的梦想、好奇心、爱和坚韧等，这些才是创造智慧的原动力。

中国改革开放以来几十年的巨变，可以说正是这种原动力的体现。近年来，麦克法兰十余次来中国考察，同时也通过文献研究对中国近代以来的历史做了深刻的分析。他认为，中国真正的变革是从改革开放的 80 年代初开始。他由衷地敬佩中国人在"很短的时间内以一种有条不紊、举重若轻及大体上公平的方式取得了不起的成就"。中国虽然没有经过深刻的工业革命和科技革命的洗礼，但是中国人的"韧性、好奇心与智慧"给他留下了深刻的印象。其实，这就是工具、技术以外的力量，是最为根本的力量。如何通过传授知识而把这种更本质的力量传递给年轻人，才是最为关键、最为重要的"知道"。这也是这本书想表达的。

在全书的最后，麦克法兰对四月写道："如果你怀有梦想并将梦想付诸实践，那么就能得偿所愿。如果你明白自己认为困难的事情，对别人来说也很困难，但是你可以通过持续努力的工作，采用乐天与平衡的方式克服这些困难，然后幸福地生活。"

这番话，与其说是麦克法兰写给四月和他的中国朋友，不如说是写给所有年轻人，更是他本人对人生、对世界、对未来的一种表白。

未来的世界，应该是怎样的呢？我愿那未来一切，就像诗人林徽因在诗里以"四月天"所形容的那样："你是一树一树的花开，是燕／在梁间呢喃，——你是爱，是暖，／是希望，你是人间的四月天！"未来的世界，就应该这样充满了爱、暖和希望。

如此四月天，将属于麦克法兰笔下这个叫四月的孩子，将属于全世界所有的年轻人，也将属于一切掌握"智慧解剖刀"，同时永远保持梦想、激情、好奇心的真正"知道"之人，如同本书作者麦克法兰一般。因为无论技术如何变化，求"知"所需的梦想与努力不会变，无论世界怎样变化，根本之"道"不会变。

美好的未来，美妙的四月天，只有人类不为国别、性别和年龄等一切外在所局限，只有共同创造，才可能实现与拥有。

　　是为序。

朱永新

2014 年 12 月 11 日于北京滴石斋

我为何给你写这本书

在不断扩大的循环中旋转，旋转

猎鹰已听不到驯鹰者的呼唤；

万物解体，中心难系；

世界一片乱象，

血潮流溢，每一处

纯洁的仪式被淹没；

好人缺乏信念，坏人

则狂热到极点

——选自叶芝《第二次圣临》

亲爱的四月：

《第二次圣临》这首诗写于 1919 年，第一次世界大战余波未平。整个世界似乎变得分崩离析，而且这种感觉自此再未消弭。1968 年学生运动前的一年间，人类学家埃德蒙·利奇爵士通过 BBC 广播发表了一系列"里斯讲座"（Reith Lectures）[1]，随后整理成《失控的世界？》（*A Runaway World？*）出版。如果说 45 年前这个问号确实存在的话，那么今天应该可以予以解答了。我们确实生活在狂野的、开足马力全速前行的时代，而通过本书我希望可以解释其中的一些原因。

当你母亲最近请我用《给莉莉的信》（写给我外孙女的信）的风格，为你写一本小书作为礼物的时候，我想到的是，在我十二次中国之行中，从我的中国朋友们那儿听到的种种疑问和忧虑，我意识到这些疑问和忧虑通常反映出的是智识上的混乱感。这点从一个十七岁的中国学生写给我的邮件中可见一斑：

1　1948 年，为纪念倡导公众传媒理念的英国广播公司（BBC）第一任总裁约翰·里斯，BBC 广播设立了"里斯讲座"。邀请人类文明不同领域的领军人物就文化、科学、宗教、政治等等话题发表看法，并邀请听众共同讨论。作为第一个受邀的人类学家，剑桥大学教授埃德蒙·利奇于 1967 年发表了六期广播讲座，提出"进化式－人道主义"，鼓励人们面对加速行进的人口爆炸和技术革命，勇于改变既定道德和社会的预设。在当时社会，特别是青年人中，引起强烈反响。译者注。

亲爱的麦克法兰先生：

　　我的观察是我们这代人生活在一个充满困惑和悖论的世界里。在中国，这是一个物质主义的时代，一个没有信仰的时代……在"文化大革命"严重破坏了中国传统文化之后，中国人却发觉自己难以适应新的现实。我并不认为恣意蔓延的物质主义完全是我们的过错。毕竟，除此之外我们还能相信什么？西方自由主义？爱情？正义？还是仁慈？在政治狂热消退之后，很多中国人发现，金钱的力量是他们可以相信的最实在、"最安全"的东西。

尊敬您的 G

在扣人心弦的变革中，生活是一门独特的学问，我想你以后会明白。生活时而静若万籁俱寂，时而动若万马齐奔。从童年时代到大学生涯，我在英格兰亲历过一场规模小得多的变革，然而从来没有人系统地跟我解释，到底发生了什么。经年累月之后，我才渐渐弄明白那些曾经施加在我和同伴们身上的力量是怎么一回事。对你而言，这可能同样真切。你会感受到压力、紧张、不满、焦虑、困惑，不免还有兴奋和自由。但却从来没有人能说清为什么会这样。这本小书尝试描绘世界之道正在通过何种方式加速发生变化，同时它也会以另一种方式帮助你。那就是若干年之后，你应该对自希腊以降、经历几千年发展而形成的西方哲学系统有所了解。如果别人要我通过几堂中小学和大学课程，就吸收整个中国哲学和语言的精粹，我会觉得异常艰难。所以我希望为你提供一份非常简明的示意图或介绍，让你能概览西方哲学全景，再择你所爱深入探究。

* * *

了解一点关于我和我的人生轨迹或许有助于你阅读这本书。当我从孩童变成少年再到成年，即在我十三岁到二十几岁之间那些年，我尝试了解周遭的世界。一开始是在寄宿学校，之后在牛津大学学习历史，在这个过程中我寻求解答关于生命的意义及其模式的诸多问题。尽管我知道了点什么，但在十年中小学基础教育、牛津六年本科与研究生学习结束之后，我依然迷茫。

很大程度上我受到的教育，像是被设计来教我怀疑所有宏大的理论的。我被教导，对所有现存的历史和社会学理论要保持高度的怀疑；我被告知，对于过去的研究向我们表明，历史不可重复。哪怕过去发生的事情与预知未来直接相关，我们也并不能真正从中学到什么，在法国大革命或者第一次世界大战真正发生之前，没有人能够预见。只有在事情发生之后，我们才明白它们为什么会发生。

结果，除了对一些显而易见的事实的低层次观察，譬如人类会因为信仰相互残杀，抑或农业经济中持续的坏天气可能引发饥荒之类，我所接受的教育并没有帮助我找到视界更加宽广的答案。

可我并不打算放弃，在二十五岁那年我从历史学转向学习人类学和社会学，并在伦敦大学深造，获得两个学位。对这两个学科的最初了解告诉我，它们对鲜活的人类群体深入研究，寻求统计规律，通过共变关系比较进行检验，将本质和表象区分对待，探寻什么是全世界人类共同的，什么会因文化而多样纷呈，这些方法可以带我找到更为深刻的普遍规律。

然而，令人费解的是，又经过一个五年的学习（其中包括在尼泊尔展开十五个月的田野工作，以及大量的阅读，同顶尖人类学家交谈对话），并于其后在剑桥大学教授人类学课程多年，我发现自己又回到了最初接触历史学时的原点。人类学似乎同历史学和文学一样，虽然允许我们进入他者的世界去阐释人类的境遇，但却不能提供类似"假如 A 必然 B"这样不变的定律。

周遭的世界依然是一片迷雾，我对其间规律模式的求索并未得到满足。于是在历史学、人类学和社会学之后，我尝试研究更为深入的领域——哲学。我想，如果我站在对人类本质和世界历史多有建树的那些最伟大、最广博的思想家的肩膀上面，从他们的研究中找到规律模式，或许可以帮助我看得更透彻清楚。

我研读了诸多伟大思想家的著作。最终，这样的做法让我开始明白，在这些思想家对自己所掌握的大量人类知识的研究基础上，他们对于我曾上下求索的那类问题的真知灼见，似乎确实让我对历史的规律有了更深刻的理解。

对以往这些思想大师的研究，对我先前的研究生涯也产生了影响。从他们的研究成果俯瞰，之前那些或多或少支离破碎和不尽人意的历史学和人类学研究也变得卓有意义。这些伟大的思想家赋予我一个解释性的框架，可以将分散的片段纳入其中。

我在五十年的知识探索之旅中，试图解答十几岁时间过自己的那些宏大问题，结果表明求知并无捷径。理解是累积而致，而真正的教育从不终止。我们花费很多时间戒除日常谬误，并花费同样多的时间重新学习。然而，我确实相信我业已求得一些理解问题的方法，掌握了一些影响我们所有人的深层模式，因而我会尝试将我所知传授于你。

我也相信，当我把这些看法观念传授于你的时候，它们会使你更容易辨知哪里可以找到规律模式。我试图基于我所经历的求知旅程，绘制一幅粗略的示意图，希冀借此帮助人们比原本的方式行进得更快，到达得更远。这是父辈们本应去做的事情，然而很多人惮于时间、信心和经验而未能尝试去做。

对于写作这样一本小书，一个显而易见的风险是我们没有谁能完全挣脱自身文化的障眼法（blinkering effect）[1]。但我努力尝试通过阅读、建立友谊和遍及世界

1　文化的障眼法，或称文化的遮蔽效应，这里意指由于本文化的时空局限性而掩盖了不相容于本文化情境的世界多样性。

的五十多次旅行，从不假思索、习焉不察的文化短视中抽离一点。

另一个风险是我的学说过于牢固地与某个有限的时间段黏结在一起。我生活在"二战"之后的数十年中，从未经历过此前的漫长世纪。作为弥补，我尝试将人生的大部分光阴献身于历史研究，即使我最熟谙的上下一千五百年，也只是人类历史的须臾片刻，并且我的术业专攻也很大程度上囿于欧洲史和日本史的范围。

第三个限制是我的年龄和性别。作为一位七十多岁的男性，我们年龄相差甚远。对此，我所能做的就是尽可能同更多的年轻人交流和通信。

第四个风险存在于我的教育背景之中。我在剑桥大学执教四十年，与学术同仁共事，写作了两篇博士论文，出版过二十几本严肃作品，这些统统塑造了我。我被训练得审慎严谨，以防备学术攻击；我被告诫不可以从太微少的证据中归纳推演，也不能够脱离论据的支持立论，并且习惯质疑我的资料来源；我还被教会使用一种精练的学术行话，这些术语主要局限于人类学和社会学的范畴，也出现在历史学中。

我还假设自己拥有特权，可以认定我的读者们不仅对我讲的这些感兴趣，而且他们非常聪明，训练得宜，并且对于我所涉及的话题拥有不错的背景知识。我可以理所当然地认为他们具备相关的基础知识。

然而，当我开始写作这本小书的时候，尤其当写作的对象是来自西方世界之外的青少年读者，他们可能又恰巧是常规学术环境的门外汉的时候，几乎我毕生的所思所学都要被抛置一边了。绝不可以有行话术语，不可以假设读者的脑袋里预存了背景知识，甚至可能不可以假设他们对我所写的有过哪怕浅尝辄止的兴趣。此外，即使在对待最宏大和最复杂的议题之时，我都要尽可能写得简单，却又不能简化过头。我不可以有陈词滥调，不可以断章取义，不可以泛泛而谈。这，确实是个挑战。

但是我觉得这是值得尝试的事情。你需要去找出你自己的生活哲学，找到一系列理解生活意义的途径，明白你如何呈现和解释发生的事情。如果我的亲身经历和感想能够给你、给我的很多年轻中国朋友和其他国家的朋友一些依此行事之道，这会让我万分荣幸。我和太太于暮年接触和研究中国，这也算是对中国带给我们的愉悦的一点回馈。

这本书中的知识体系

我会在本书中使用一些你可能并不熟悉，但在西方思想史上有着特殊重要地位的名词和短语。我会对这些词语做一个初步的解释，这样你可以开始自行了解它们的实际含义。这是一个缩略读本，因为我将从人类历史鸿蒙之初一直描述到当今。但也许拥有一幅简明概略的入门示意图会对你有帮助。

从一个最高的层面而言，我将谈论"世界观"。它并不一定意指关于整个世界的观念，虽然它会渐趋于成为那样一个全方位的观念。它的意思实际是指我们如何看待世界，是对于我们周遭世界的感知和理解。它是一个思想体系，可以影响世间一切事情，包括政治、经济、社会和宗教。实际上，它更接近于宗教。也有人使用宇宙观或者组织型构来表示

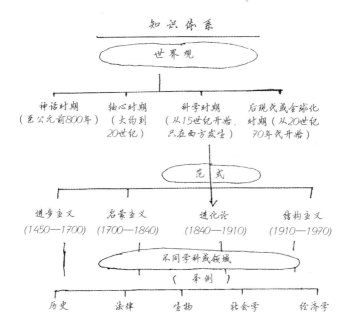

相同的意思。关于世界观的典型例子就是资本主义和社会主义。

　　我将人类历史区分为四个主要世界观时期：神话时期、轴心时期、科学时期和后现代时期。这些词汇的具体意义我会在行文中阐述。它们是认知这个世界的高层次方法，其中包含许多变体。

次一层次的方法是"范式"。这是知识精英传统下的思想体系。范式是指一系列的观点，用以表明哪些问题可以提出，什么样的回答可能有用。在西欧的科学革命和文艺复兴之后，范式相应开始快速变化。我将公元1500年至1980年间的这段时期分为四个主要的范式时期：进步主义、启蒙主义、进化论和结构主义。

一个范式可以为数个不同的学科设定基础框架。举个例子，"进化"这种范式19世纪时从生物学中崭露头角，很快传播到大部分的科学和社会科学之中。

How do we know?

我们如何知道？

我们如何知道？

什么是世界观，什么是范式？

为什么世界观和范式会改变？

STAMP

康河计划供图

我们如何知道？

很多人声称知识源于事实。我们需要追寻的是"事实的真相"。在人生中很长一段时期，我几乎毫不质疑地认同这个说法。在我辗转求学，并于大学深造的整个学生生涯中，我被教导说有种在我们身边飞来飞去的东西叫"事实"，就好像蝴蝶一样。我的任务就是编织足够大的网捕捉它们，觅得适当的地方去保存和展示它们。

我设计了一套"一个事实一个卡片"的方法。当时我差不多十八岁，每天都在后兜儿里带一个装着卡片的小铁盒。当我观察到一个有趣的事实时，我就把它在卡片上面记录下来，然后丢到小铁盒里。当我积攒到足够多的事实的时候，就从中总结出属于自己的观点。这个方法我坚持使用到六十多岁，这时已经收集了将近六万个事实，我称之为"话题库"，并整理到了我的电脑上。

我有一个关于人类思维的简单观念。它就像是一块白板，我们可以日积月累在上面书写事实。我相信我有敏锐的眼睛和耳朵，我想我可以足够准确地观察世界，不会被误导。然而，我从未质疑过自己获得知识的方式，我也没有时常感受到自己对世界的认识受到外部阻碍的牵绊。所有限制我的只有我的智力和精力。

人们告诉我，科学家——我倾向于假定他们是最终发现事实的人——依靠发现新的信息片段而向前推进。他们通过实验的方法，或被称为经验主义的方法，将事实"困"在他们的实验器材里，使这些事实得以在他们的试管里或显微镜下显现。我设想科学家们收获了一大批这样的"事实"，将它们串联在一起形成一个论点，并由此达成一些崭新的结论。

这看上去像是在说考古学家是怎么工作的。他们会发掘、寻找骨头和陶器的残片，将之排成序列，然后写成一篇报告，就可以揭示一个消失的文明。历史学家也一样。他们去档案馆，寻求从故纸堆里觅得无人知晓的"事实"，把这些事实记录下来，形成一个论点。人类学家、社会学家和心理学家的方法都大同小异。无论他们的研究对象是什么：一个村庄、一个购物中心或者一个迷惘的病人，他们去听、去看、去询问，他们将得到的"事实"记录下来，建立（归纳）成为一个更具普遍性的观点。

我早期写作的尝试似乎是在证实上述观点的正确性。我把从书籍和文章中找到的"事实"装配在一起，组成一个论述，我的老师们觉得我的论证可圈可点。我被牛津大学录取学习历史学，又取得了足够好的成绩而得以进修博士课程。我的博士论文稍后被发表，优秀到足以让我去伦敦大学再深造一个人类学的学位。

1977年的夏天，我三十五岁。当我着手写作《英国个人主义的起源》时，我开始意识到，除了收集事实，我自己也在建构事实。就像阿尔伯特·爱因斯坦言简意赅地指明的，"理论建构事实"。这个认识来源于我开始发觉我崇敬追随的上一代学者似乎误读了过去的一些事实。我开始挑战基于卡尔·马克思和马克斯·韦伯的著作之上的、主宰战后历史的现代世界发展理论。我惊讶地发现，我的很多老师们声称这是一项晚近的发现。但如果我回溯到他们那些生活在"二战"之前的先辈们，看到的将是另外一幅图景。

我认为，理解真相的变幻无常和"事实"被建构了的本质是一个累积的过程。我们必须要经历大的转折才能看清，那些被我们认为是理所当然的事情如何变得不再无懈可击。当我们只生活在单一世界观之下的时候，我们不会意识到这点。真相似乎是不证自明的，而我们竟毫无质疑。然而当世事飞速变化，冲突浮现，世界观转换和交锋之时，我们才发现原来所谓"事实"已不再是"事实"，而是观点而已。

我个人的关于世界观变换的经历并不跌宕起伏，因为我生活在一个持续的、安全的学术环境中，没有势不可挡的政治和经济转型。即使20世纪60年代的社会和技术革新也没有撼动我。我认为，在全然不同的尼泊尔社会生活的那一年，给我提供了一个比较的参照，为我在1977年完成的《英国个人主义的起源》一书中对"农民社会"范式的拷问和质疑埋下了伏笔。但在那时，随着20世纪80年代开始的政治和技术革新的进一步加速，与同时代的人一样，我愈发意识到真相的语意关联性和不稳定性。

在20世纪80年代末期和20世纪90年代，我心中不稳定的感觉与日俱增，人们再也难以确定该提出什么样的问题，什么样的答案可以被接受。我们进入了"后"的时代：后现代主义、后现代性、后结构主义、后马克思主义。一切都处于混乱状态，而我所阅读的书在我看来经常是用晦涩难懂的术语写成的。

我是通过这样的方式来理解身边到底发生了什么的，就是考量指示体系发生了何种转变，以致"事实"改变了模样，被赋予了不同的意涵。我试图通过讲课和写书来解释给我自己和我的学生们听。

与此同时，我在进行关于技术革新的起因和后果的研究时，遇到了类似的问题。生活在计算机革命的年代，同时我在剑桥的工作也大量使用数据库、数码影像和多媒体，这使我意识到，世界观的转型和模糊在很大程度上与传媒的转型息息相关，所以，20世纪90年代和21世纪早期，针对多元技术的发展史和影响，我做了一系列讲座。

有人说人类就好像苍蝇一样，在一个玻璃瓶子里飞来飞去。我们看不到那个狭窄的出口，因为毫无疑问，我们迷惑于实际存在的那个看不见并阻碍着我们的玻璃瓶而无法逃脱。哲学家的责任就是使这个玻璃瓶显形，从而让苍蝇看到狭窄的通道。[1]

---

1 参见维特根斯坦《哲学研究》——译者注。本书页下注都是译者注。

这是很形象的图景，让我们关注是什么在无形中包围和限制了我们的思维。这个限制我们思维的玻璃容器可能由很多东西构成，譬如我们思考的习惯和后天习得的假设。语言则是另外一个强有力的壁垒，它对于我们如何思考、讲述和写作设定诸多限制，而语言限制性的影响往往是我们难以察觉的。所有的语言都有很多内置的特性，决定着我们如何去看待世界。

如果我们给语言加上许多别样的意涵，例如对与错的区分、时间和空间的观念、价值和金钱的观念、人性本质如何的观念，并在成长的过程中学习，我们就可以看到我们被一张强有力的、由一束束的意义编码锁结在一起组成的网格团团围住。它们因文化而异，随时代而变。它们束缚了承载着它们的人们，而且通常是未经审视的。

当我们尝试进行跨文化翻译的时候，我们就会与这套隐含的分类和意义相遇。例如，"婚姻"这个词就包含一种在世界不同社会中大相径庭的意涵。所以要把很多在英文中出现的概念精确翻译成中文，大多是不可能的，反之亦然。由于语义环境或者框架不同，所能引起的共鸣就消失了，相关的联想也不一样，而意义就"随译文而逝"了。

什么是世界观，什么是范式？

当人们怀着自己笃信的宗教和哲学在文明之间游走时，他们才意识到头脑中那些约定俗成的观念遭遇了挑战。所以当早期的中国旅行家西游印度和西方世界，或者马可·波罗和其他旅行家东渡中土的时候，他们记录下了这些差异。事实上，这些挑战可以回溯到古希腊人那里，回溯到古希腊哲学的黄金时代里。

时光跃进到现代，20 世纪德国哲学家卡尔·雅斯贝尔斯（Karl Jaspers）对世界上所有伟大的哲学体系做了广泛研究，他阅读原文著作，并对来自中国、印度、中东、希腊、罗马和现代欧洲的二十多位最伟大的思想家的学说做了细致入微的考证。

当他试图在《历史的起源与目标》（*The Origins and Goal of History*, 1950）中概括总结所得出的结论时，他提出了一个三阶段的历史模型。第一阶段是神话时期，即上溯至大约两千五百多年前的口述和部落文化时期，中东、印度和中国刚进入早期文明时代。之后，从公元前 800 年开始，世界变得像一个围绕着哲学轴心转动的轮子，周而复始——因此他把此后的五百年称作轴心时期。从古代中国到古希腊，一个理想主义的世界在新生哲学体系之上巍然耸起，并为随之而来的历史演进奠定了基础。他相信这一进程遍及欧亚大陆。接踵而来的是第二次历史大分野，即所谓的科学和技术时期。这场从 15 世纪开始的伟大的变革仅发生在世界的一个部分——西欧的方圆之内，并没有在中东、印度和远东发展起来。第三波对我们现代人来说有实际价值的历史构架的演变更加独特。[1]

雅斯贝尔斯的第三阶段尤其与传媒技术相关，并在詹姆斯·莫纳科（James Monaco）的著述《怎样看电影》（*How to Read a Film*, 1977）中获得了最佳诠释。莫纳科将历史分为四个时期。第一个是表演时期（人们通过语言和动作交流），即口头表达时期，一直延续到文字的发明。第二个时期，人们除了使用语言，还可以通过文字书写（包括印刷）来交流，他称之为表述时期。这一时期中，人们通过在纸张或者其他介质上铭刻书写符号来传达信息。

莫纳科书中的第三个时期是记录传媒时期，或者称为沃尔特·本杰明（Walter Benjamin）所谓的"机械复制时期"，在这一阶段，信息被相机之类的机器捕捉下来，再通过现代出版机构传播出去。这个记录时期由19世纪30年代照相机的发明开启，再经由19世纪90年代动态电影的出现和20世纪30年代电视的粉墨登场而进一步转型。

最后一个时期，莫纳科在此书稍晚的版本中将之命名为"电子和数码时期"，发轫于20世纪50年代的电子可编程计算机，并在90年代互联网横空出世之后不断加速发展。

我们相信自己可以清楚地了解世界；而其他人会落入观念的窠臼。人类学家通过比较的方法研究其他社会，结果是他们最强烈地觉察到，人们是被嵌入一套（对他们来说）无形却强有力的思想限制中生活的——这常常被人类学家们称之为"宇宙观"（cosmology）。

以上认知从某些意义上来源于这样的事实，那就是形成于一个小规模的、部落式的、口语社区中的世界观具有相对的连续性和单纯性，因而容易被观察和描摹。所以当社会学家埃米尔·杜克海姆（Emile

Durkheim）为了探究《宗教生活的基本形式》（*The Elementary Forms of the Religious Life*，1912）而对人类学家们笔下的澳大利亚原住民群体进行研究的时候（他本人从未去过澳大利亚），他发展出一套理论，认为世界观是社会的直接反映，这就并非是巧合了。他声称时间、空间、关系的概念及所有的思想类别都是世俗的世界向观念世界中的投影。所以，看似简单的仪式和神话是表述社会和政治关系的方式。这些观念进而被人们看成是神圣而独立的，将之铭刻在精神世界中，就可以强化人们之间的联结。

杜克海姆的洞见成为20世纪那一代人类学家的引导思想之一，他们奔赴非洲、南美、美拉尼西亚和其他地方，调查生活在那里的多种人群的宇宙观。遵循这一研究理路，埃文斯·普理查德（Edward Evans-Pritchard）在20世纪中叶完成了一项对苏丹努尔人的空间和时间观念的剖析，尤其让人印象深刻。他认为努尔人的这些观念是个体、亲族和部落之间当时政治和社会关系的投射。实际上，对时间和空间的印象屈从于社会关系的亲疏变化，随着生活中的政治地理变迁而在人们头脑中变深或者变浅。对于过去的观念是由现存的权力关系重构和塑形的。这个观念可以被卓有成效地应用到更大的范围内，即对文明的宇宙观的思考。正如乔治·奥威尔的箴言指明的，控制过去者控制未来，控制现在者控制过去。

在 20 世纪后半叶，一些思想家提出"带人类学归故乡"，反观我们西方人也同样被嵌入各种分类和预设，鲜有觉察。一些人类学家和受到人类学影响的作家认为西方本身也有宇宙观、禁忌和未经审视的思维习惯。他们描述了"资本主义的宇宙观"[1]、《圣经》和世俗思想中洁净与危险（purity and danger）的观念[2]、统治我们生活的"惯习"（habitus）或一系列无形的性情定势（disposition）[3]。他们同时声称，我们当代的世界观包括我们行动中最科学的部分，都远非我们设想的那样连贯、一致和"理性"。

我们从中学到的功课是，所有的社会和文明都被包围在一系列由概念、表述、成套假设和关于时间、空

1　参见萨林斯，《历史之岛》，上海：上海人民出版社，2003。

2　参见道格拉斯，《洁净与危险》，北京：民族出版社，2008。

3　参见布尔迪厄，《实践理论大纲》《区隔》《实践理性》等著作。

间和因果的观念组成的厚重条框之中。它们混杂在复杂的、以阶级为基础的有文字社会中，比起在由几千个不识读写的部落成员组成的小群体中，更难以辨别。但这并不表示我们已经逃脱出它们的力量桎梏——我们统统生活在无形的观念条框之中。我们接下来的研究将要拨开冗杂，尝试找出这一彻悟所隐含的一些意蕴。

关于世界观变革的讨论，在 20 世纪 60 年代被两位举足轻重的学者的著述推向高潮。第一位作者是科学史学家托马斯·库恩（Thomas Kuhn）。在他的著作《科学革命的结构》（*The Structure of Scientific Revolutions*，1962）中，库恩指明了科学的相对性——它屈从于时尚潮流，关乎于"范式"（paradigm）的嬗替。换言之，通过研究天文学（哥白尼）、化学（玻尔）、物理学（牛顿和爱因斯坦）中的革命性发现，库恩证明了某种意义上"内部"革命的存在，即一个世界观不是被新型的数据从外部颠覆的，而是一个人或者多个人分别从不同的角度发现了同样的证据，从而改变了研究问题的本质。同时，我们接受的那些针对旧有问题的解决方案，也发生了本质变化。

库恩的贡献是指出物理、数学和化学这些最"硬质"

的科学也是在范式中运转的，这就意味着甚至这样的学科也同时尚、神话、某个我们讲给自己听的故事和某个对于世界的信仰一样，具备同样的特征。它们不是一成不变的真相，而是不断逼近真相的猜想和近似。

可惜，库恩的贡献至此为止。他很清楚地意识到必然存在一些社会的、政治的、知识的和技术的外部因素，改变了思想家的世界，使之焕然一新。但是对于解释这些动力到底是什么，他并无建树。

另一个深具影响力的思想家是米歇尔·福柯（Michel Foucault），他在著作《词与物》（*The Order of Things*，1966）和《知识考古学》（*The Archaeology of Knowledge*，1969）中专门论述了世界观的变革。福柯通常使用词语"知识型"（episteme）而不是"范式"，但是他们所谈论的是同一个范畴。认识论（epistemology）是"方法的理论或科学，或者知识的基础"，即我们如何知道。福柯同时也交互地使用单词"型构"（configuration）[1]和"世界

1　型构：德国社会学家诺贝特·埃利亚斯在1933年的论文中使用"型构"（configuration）一词，指称彼此依存的个人和集体组成的全盘社会结构的动态网络。本书借用"型构"一词指称人们将对周遭世界的感知和理解有序安排而成整体形态。

观"（world-view），并将世界观定义为"一个特定时期内的人们无法挣脱的某些思想结构"。

福柯隔离出了西方文化知识学统两次最大的中断。第一个发端于他所谓的古典时期（大约17世纪中期），第二个是在19世纪之初，标示了现代时期的开始。

福柯没有兴趣解释为什么他的（或者别的）知识型会转变。他朝着研究外部变革，研究技术（特别是印刷）、政治和经济变革的方向行进。但他总结说，因为原因十分复杂，他才将关于起因的问题置诸一边，满足于建立新的转型的尝试。

为什么世界观和范式会改变?

究竟什么样的驱动力足以强劲到挑战一个普遍盛行的世界观？有几个显而易见的备选答案：其一，高速的经济变革改变了财富的生产方式，使人们感觉更贫穷或者更富有；同时也改变了财富在社会中的分配。其二，政治关系的变化，特别是一个国家或者文明在军事上和经济上越来越强大的信念，使人们觉得在一些方面占尽优势，感受到自身处于一个阶梯的顶端，而另外一些处在底端的国家则低等和落后。其三，技术的高速变革。卡尔·马克思认为马拉犁耙创造了封建制度，蒸汽机缔造了资本主义，就是这一维度观点的一个范例。生产工具日益改进，战争的工具也不甘居后——例如火器的使用和改良。与之并驾齐驱的是实体交流工具的技术提升，可以制造出更精良的航海船只、蒸汽火车、机动车、飞机，促进了人们的会聚、融合和观念的快速交流。

最有趣的是改善人类思维能力的那些工具，包括写作、印刷术、玻璃、照相技术、电视和电脑，它们是人们眼睛、耳朵和大脑的延伸。这些工具直接对世界观产生影响，常常促进我们的思想世界迅速转型。

当所有这些，例如印刷术、玻璃、火药武器、长距离探险、更精良的船只、不断发展的经济和为制衡政治权力而进行的变革，汇集到一起的时候，就势不可挡地将世界的不同部分整合到一个新的进程中，如同 15 世纪和 16 世纪发生于西欧的那样。

既然植根在新式工具（技术）中并不断变化的知识是我们理解近代人类历史的关键，那就需要了解一下观念和外部世界之间的关系。人类优胜于其他动物的特别之处在于，可以将头脑中思维的产物转移应用到外部世界里。他们能够通过一个精巧复杂的文化体系储存和传送思想观念，这使知识得以快速增长。这里提到的文化可以是非物质性的（语言、仪式、歌曲、神话、传统和技能），也可以是物质性的（实体工具）。

技术用以改变我们世界的一个方式是通过存储和扩充人们的创新观念。创新观念被植入工具里，反过来也帮助我们更好地进行思考。根据格里·马丁（Gerry Martin）的观点，这是一个三角运动，如下图所示：

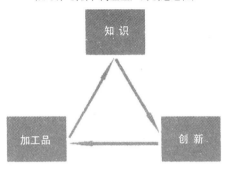

经济发展结构图
（知识、创新和商业生产的创造过程）

关于世界的理论阐释和可靠知识与日俱增。例如，真空的发现催生了蒸汽机的发明，编程的理念孵化了现代计算机的诞生，DNA双螺旋结构的发现掀起了医学革命。

这个三角形的顶点至关重要。我们通过价值中立的研究获得了可重复和可信赖的信息，用以解释我们的世界如何运转。我们通过创新性工作将这些信息植入经过改进的或新型的人工制品或工具中，从而奠定了三角形的第二个支点。这些人工制品，假设它们有用并且有需求、相对容易制造，便可以大量散播。工业制品的大量复制和大规模传播形成了三角形的第三个支点。人们的生活状况因此改变，从而可以很好地反哺培育出进一步理论解释的可能性。

这个三角运动发生在生活的很多领域里。我们描述的人类发展，相当程度上是为了提升围绕这个三角形进行的回环运动的速度，保持其不断循环往复。而且，一个普遍规律是，每有一项可靠知识被添加到这个三角循环里，就有可能导致数十件新事物产生。就好像在儿童的建筑工具包里加进一个转轮，可以改变其他所有部件的潜在用途。对于很多技术，包括转轮、印刷术、钟表、玻璃、摄像机和计算机，这个道理都适用。

计算机计算能力的指数式递增是一个现成的例子，目前每年计算速度会翻倍，很大程度上得益于这样的事实，即每一项硬件或者软件方面的改进，不仅会提升计算机的速度和效率，还会使先前衡量计算能力的所有指征都成倍增长。

注　释

【1】　卡尔·雅斯贝尔斯，《历史的起源与目标》(1950)，第23页。

A brief history of world-views

世界观简史

STAMP

第一次分野：从神话时期到轴心时期

在人类历史近 95% 的篇幅中，人们仅能通过声音和动作交流，即通过人类的言语、歌曲、面部表情和身体语言互动，这极大地限制了知识力量的发挥和灵活使用。因而，文字系统的出现引发了人类世界观的第一次重大变革。

从很多方面来说，文字比言语强有力得多。一如杰克·古迪（Jack Goody）在其《书写的逻辑》（*The Logic of Writing*，1986）中论证的那样，文字无须言者和听者同时在场。于是一个人可以依其时间和空间上的便利度而阅读，想读就读，不想读就放下，可以重温对照，也可以做出修改。

文字的威力使世界性宗教成为可能。宗教真理可以被写下来，于是我们就有了所谓的"《圣经》宗教"[1]，

1　一般认为犹太教、基督教和伊斯兰教三教同源，都可以上溯到犹太教的经籍《塔纳赫》，即《希伯来圣经》，故将三教并称为"《圣经》宗教"、天启宗教或亚伯拉罕诸教。

即犹太教、基督教和伊斯兰教，也有了基于经书典籍的其他宗教，如印度教和佛教。这些宗教对于他们笃信的基本真理有书面明文规定；书中包含来自上帝或者诸神的普遍适用并一脉相承的训示；经由能读会写的教士阐释这些真理；善与恶之间的界线愈加固化。以大写字母 R 开头的英文词汇 Religion 即"宗教"，是文字书写衍生的结晶。

异曲同工，经济也是以文字为基础的。会计、货币、信贷、税收、租金、私有财产、汇兑，所有这些无一不依赖于文字这种外在于个人思维的储存和传输信息的介质。如果没有文字，早期文明中的庞大贸易网络和复杂的官僚组织就不可能发展。文字的产生也使国家鸿蒙初辟。领导者开始能够以新的方式控制空间和时间，将部落成员转变为国家臣民。国家行政人员和国家组织都需要使用文字。

法律作为独立范畴的发展也得益于文字的推波助澜。法典和书面判例应运而生，也出现了解释法典和判决案例的法官和律师。人们可以通过书写遗嘱留下财产，可以实现和见证契约的订立，可以在法庭出示书面证据。确凿言之，一种外部"真理"的新概念由此萌发，它存在于狭隘的个人偏见之外，普遍适用于所有情境。

人们很早以前就在欧亚大陆的大部分地区发现了象形文字，但直到约三千年前希腊人完善了字母文字之后，文字的影响才与日俱增。文字不再以描摹实体的小图像形式（象形文字）展现，而是成为拥有不可思议的强大力量的符号工具。通过文字，人们得以探寻真理，得以用一种行之有效、逐步累积的方式将他们的丰富情感代代流传。

就这样，关于欧亚大陆哲学体系的叙事被推进到公元前 800 年。至此以降的五百多年间，一定程度上由于文字的影响，第二次重大变革破茧而生。此即为借由卡尔·雅斯贝尔斯的著作而广为人知的轴心时代的开端。

过去，自然世界和超自然世界相互交织，既无矛盾，也不对立。在大多数部落宗教中，神灵的世界很大程度上是现实世界的映像，并与之彼此交融。人与兽、今生与来世混合在一起。这常常被视为是萨满教和巫术主宰的世界，是万物有灵（物质事物皆有灵魂附着其中）的世界，是试图通过献祭和魔咒对神灵催使压力的世界。这种神性的世界并非独立于现实世界之外的观念秩序，我们无法借之衡量现实生活，它是感官世界无形的延续。即便在已经植入丰富思想意涵的欧亚大陆的伟大的有文字文明中，现实世界与另一个观念中的独立世界亦没有明显区隔。

由于至今未能完全清楚解释的原因，公元前800年之后的六百多年间，在欧洲和亚洲的大部分地区，宗教和哲学伟人迭出，改变了这一状况。他们在这个物质世界和另一个神灵世界之间构筑动态张力。他们树立了道德理想，可以据此判断我们的行为。新的哲学体系重构了上帝或理想体系与这个堕落世界之间的关系。

新的哲学体系，在中国出自老子和孔子的著述；在印度，来自《奥义书》和佛教；在伊朗，出于琐罗亚斯德的著作；在中东，源于伟大的《旧约全书》先知书（包括以利亚、耶利米和以赛亚）；在希腊，取自西方思想的源泉，即荷马、赫拉克利特、柏拉图等人的著作。从而，中国建立了儒家学说，并奉为圭臬，绵延生息了近两千五百年；印度和中亚的大部分地区，则依靠印度教和佛教的救赎；大陆的最西端，奠定了犹太教、基督教和伊斯兰教等一神论宗教的坚实基础，这些宗教与希腊哲学体系一起统治那里的世界。

虽然轴心革命为大多数现代思想体系提供了基础，但是它与我们当前的世界仍殊有不同。如果我们纵观从公元前8世纪到公元前5世纪直至1400年的世界观，在世界上有文字的文明中，包括伟大的阿拉伯作家、中世纪欧洲学者和新儒学主义者在内，思想家们仍在相当程度上生活在封闭循环式时间和知识的观念体系里。

可能有暂时的"进步"，但是我们终将"回归"到原点——回到基督复临，回到重生，回到时间之轮的底端。一些人认定的周期较短，而中世纪阿拉伯世界最伟大的历史学家伊本·赫勒敦（Ibn Khaldûn）则将文明的周期设定为三个世代。虽然基督教内有一系列进步论思想，然而基督徒们终究是要等待基督的第二次降临。最终，如基督教《圣经·传道书》中所说："已有的事，后必再有；已行的事，后必再行。日光之下，并无新事。"世界在循环中周而复始，我们能做的最好的事情，是回到所有伟大的真理被发现并记录下来的初期。这是一个很大程度上封闭的体系，其中的基本法则无可争议，那些显而易见的新生事物被纳入一个业已存在的框架中。

这种观点背后的隐喻是循环。四季、植物、动物的自然循环和星移斗转有：春、夏、秋、冬；婴幼儿、青年、中年、死亡、重生；早晨、中午、下午、晚上；白天、黑夜、月亮的阴晴圆缺。我们在循环中兜圈子，或者像钟摆一样运动，不能前进；它是A至B，再由B至A，或者由A至B至C至D再转回A。除此之外，再无其他。时间并非单向运动，如箭离弦，而是循环不息。

尽管我们对这些思想中相当一部分宏大架构并不认可，但这些思想家建立的思想体系震古烁今，直到今天仍然影响着我们。我们对于逻辑、政治思想和知识的理想类型的诸多基本分类都形成于这一时期，而从多种意义上来说，西方人是希腊、阿拉伯和中世纪西方思想，以及印度和中国的伟大哲学家和宗教人物的继承者。

换言之，"轴心"从此形成，因为这一时期形成的哲学系统仍然是我们现今思想体系的中心或轴心。如同从中心轮毂或中轴发散开来的辐条，后世所有的思想体系都从这一时期伟大的划时代变革中向外辐射。

这种世界观并没有因为文艺复兴来临而旋即消逝，正如词语"文艺复兴"本身暗示的那样，文艺复兴时期的许多思想家试图回归到高级知识的萌芽时期。然而，也存在不同的声音，例如，英国哲学家弗朗西斯·培根（Francis Bacon）出版了多种著作以揭示实验科学将如何改造世界，我们如何认知新事物，以及如何拥有可以将我们与古代全然区分开来的技术，这些著作出色地捕捉到一种前进革新的意识。这种革新将在接下来的三百年间使欧亚大陆的两端分道扬镳，成为帝国征服和这个星球上人类命运巨大转折的基础。

科学与技术的时代

如果我们问，人类知识领域最伟大的转型性变革是什么？西方世界的科学革命和文艺复兴无疑会榜上有名。在科学革命和文艺复兴的基础上，我们建立了新的工业主义技术、新社会体系、通讯网络、新政治体系和全球文化，现在我们正身处其中。

什么是科学革命？

科学涵盖从阿拉伯学者那里学习吸收的希腊哲学科学，发展大学，改进逻辑工具，对精密度和准确度日益关注，数学、化学、物理，特别是光学日臻成熟，日渐强调可被观察到的可视证据的权威，而非古人先贤的权威。它越来越多地使用实验和怀疑论的方法，多闻阙疑。整个过程开始于12世纪，并于16世纪、17世纪达到高潮。

卡尔·雅斯贝尔斯将科学的本质概括如下：

首先，他说明了在希腊思想中发现的三个基本要素。

1．如果我们知道获得知识的方法，且可以解释这种方法并展示这种方法的局限性，我们才拥有科学认知。

2．如果我们知道我们的研究结果在多大程度上可以为真，意识到研究结果准确的概率，我们才拥有科学认知。

3．只有普遍有效的才能被称为科学认知。科学的洞见必须可被任何人重复验证，必须放之四海而皆准。

然后，他补充了将现代科学与以往的一切区别开来的七个特征，简述如下：

1．现代科学具有普遍性。原则上，一切事物（甚至宗教）都是科学的研究对象。

2．现代科学原则上是未完成的。必须意识到存在预先设定的假设，并且，终有一日这些假设会被证伪。知识是开放并持续发展的。

3．没有什么是无关紧要的，即使最微小的事物，也会引起科学家的兴趣。

4．所有不同的科学，即使是分开的，也具有内部关联。科学的目的是寻得普遍性的知识，"所有科学都是一条路径"，通往永远无法达到的目标。

5．科学是打破砂锅问到底的，也就是说，它"允许对乍看起来高度矛盾的新假设进行实验"。

6．科学有特定的工作方法；"在希腊思想中，问题的答案总是来自深思熟虑和巧思诡辩；在现代思想中，问题的答案来自实验和渐进的观察"。

7．有这样一种科学态度，"能够质疑、探究、测试并反思所遇到的所有一切……它疏离于所有宗派和信仰团体，故能在科学这个可知的王国里保持自由"。

雅斯贝尔斯相信，正是这十个特征组合起来，造成了科学革命与之前历史上存在的知识体系的彻底决裂。

什么是文艺复兴？

文艺复兴，字面意思为重生，也包含绘画、建筑和文学等艺术领域的诸多创新。它还包括观察和表述的日益精确，绘画与建筑规则的数学化，以及透视表现方法的发展。提升建筑强度的新设备和彰显诗歌力量的新修辞手法、关于个体及其在宇宙中位置的新观念，以及关于时间的新概念，也在文艺复兴中不断涌现。

这些特点一经列出，我们就可以看到它们与科学革命或知识革命交相重叠。很容易看到，这两个运动都与可靠知识的扩张息息相关。在某一领域的成果，如在数学或者三维空间表现领域的成果，很快会辐射到另一领域。最明显的例子是光学领域，它既是早期的科学革命，也是文艺复兴时期艺术的学科基础。

如果科学革命的本质是细节的精确性、记录的准确性、对物体之间本质和关系的理解，以及好奇心驱使人们通过"实验"进行深度探究以了解人与自然如何交融，那么，所有这些成分均呈现于文艺复兴之中。突出的代表人物是里奥纳多·达·芬奇，他那解剖式的科学绘画方式，架通、融合了科学革命和文艺复兴两种精神气质，融入到他的油画和素描作品，转而丰富了他对这个世界的理解。既然科学革命和文艺复兴是同一种现象的一体两面，那么不将它们截然分开才是明智之举。

东方和西方的分歧

跨越人类勤奋耕耘的所有领域的、一个充满精确可靠知识的新世界出现了，使人迷惑不解却意味深远的是，这个新世界只居于当时世界的一隅。人们普遍赞同科技时代的进步是几百年来欧洲独有的现象。许多研究欧洲、中东、中国和日本传统的历史学家也如此认为。

发生在西方的不同凡响的一切，并没有在东方出现——这种意识在西方学者研究中国的第一本系统性著作中便得到了一针见血的揭示。基于对16世纪晚期之后到达中国传教的早期耶稣会传教士报告的研究，P.J.B.杜赫德（Du Halde）在1735年完成了《中华帝国全志》（*Description of the Empire of China*）一书的写作，其英文译本于1741年在伦敦出版。作者那时已经意识到，欧洲那独树一帜的科技突破，在中国尚付阙如。

当我们把目光投向中国数量巨大、建造宏伟、装饰精美、藏书丰厚的图书馆；当我们想到中国鸿儒令人惊叹的数量，想到建造于所有中华帝国城市中的书院的庞大数量；想到他们的观察，他们出于什么样的关注堪天舆地……四千多年来，根据帝国律法，只有文人才能担任州省和城市的行政长官，所有司法衙门和朝廷机构也都由文人占据、把持，人们很容易相信，在世界上的所有国家中，中国人一定是最机智饱学的族群。

然而，只要稍微与他们熟悉便会幡然醒悟。确实，我们必须承认，中国人有无穷的智慧；但是那是具有创造性的、探究性的、深刻的智慧吗？他们在所有的科学领域中有所发现，但是却没有将任何一个推进到至臻境地，精进成为需要敏锐和洞察的思辨科学。尽管如此，我也不会对他们的能力妄加挑剔，更不会断言他们需要才能和睿智去对事物究根问底，因为很显见的是，他们在其他事情上是成功的，而这种成功需要的天赋和洞察力与思辨科学一样多。[1]

杜赫德检验了各种知识的分支。他描述了中国的逻辑学、修辞学和几何学如何几近停滞，而只有天文学取得了真正的进步，对此，他记述了洋洋十页。

* * *

20世纪后半叶，李约瑟（Joseph Needham）对于东西方科技命题的研究到达登峰造极的深度，在鸿篇巨制《中国的科学与文明》(*Science and Civilization in China*) 中，将他和同事们的大量研究进行了总结。李约瑟致力于这项工作的原因，部分是为了解决他心目中历史上最不可思议的一个谜，即众所周知的"李约瑟难题"(Needham Question)。

李约瑟清楚地意识到，如这本小书第 44 页的图表所示，一些历史上居功至伟的技术突破首先出现于中国：造纸术、指南针、火药、印刷术和钟表都位列其中。他也注意到了郑和下西洋那激动人心的航海发现之旅。然而，科学却没有得到突破。"但是至此以后，西方由伽利略革命引领起科学复兴的开端，实现了几乎可以被称为对'科学发明的基本技术'本身的发现，接踵而来的是代表欧洲科学和技术成就的曲线以一种几乎是指数式的增长方式迅猛跃升，一举超越了亚洲社会的水平。"

在概括其学术思想之大成的著作《大滴定》(*The Grand Titration* , 1969) 的引言里，他写道："为什么那时与古代和中世纪科学全然不同的现代科学（及以政治统治名义隐含的所有其他现代科学）仅在西方世界发展？"罗伯特·坦普尔（Robert Temple）写的《中国的创造精神》（*The Genius of China*，1991）是一本总结李约瑟研究成果的畅销书，李约瑟在 1985 年版的引言中写道："如果说中国人在高古和中古时期非常先进，科学革命及现代科学的诞生怎么会仅发生于欧洲？也许值得记取，当 1937 年我第一次遇到来剑桥访问的中国科学家时，正是这个问题赫然出现在我的脑海里。"

分歧的原因

杜赫德指出了中国人在技术方面的巧思和能力，但是，对于 18 世纪早期西方意义上的科学在中国的缺失，他感到困惑。他认为：

> 主要存在两种障碍阻滞了这些科学门类的进步：（1）无论帝国内外，都没有能使人们兴奋和争相仿效的驱动力；（2）那些有能力在这一方面取得杰出成就的人根本无法奢望通过他们的劳动于其中获得酬劳和回报。
>
> 重要并且是唯一的通向富有、荣誉和职位的道路是研究帝王（或者四书五经）、历史、天道和道

德，是学习作他们所谓的"文章"，即以文雅的笔法和经过精挑细选并切中主题的词汇写作，以这种方式，他们成为进士。当获得了功名以后，他们就获得了荣耀和信誉，舒适安逸的生活随之而来，因为他们短时间内就能上任做官。甚至那些回归本省等待职位的人，也受到当地官员士绅的极大关心。他们保护家庭免受一切烦恼困扰，并享有很多特权。但是，由于那些致力于思辨科学的人无法企及这类东西，研究它们不是通往荣耀和富有的康庄大道，因此，那些门类的抽象科学被中国人忽略，也就不足为奇了。[2]

很显然，以上见解只是答案的一部分，它需要与许多关于中国科学突破之缺失的其他说法置于一起衡量。作答的思路取决于人们关注的重点，是欧洲部分地区产生科学突破的原因，还是中国缺失科学突破的原因。

简单概览一下欧洲所发生这一切背后的因素就会发现，其中一个因素是经济和社会性质的变化。第一个思想时代在很大程度上体现了一种乡村农耕的世界观，虽然罗马和阿拉伯世界也有城市。而新世界观的震中位于新兴意大利城邦的繁荣景象中、荷兰和比利时的城市化地区内，以及像巴黎和伦敦这样蓬勃发展的城市里。虽然乡村仍然占压倒性地位，但是积聚了新财富的绿洲、方兴未艾的大学和更富权势和学识的中产阶级的城市拔地而起。

这本身不足以引起变化，事实是当时世界上许多最伟大、最富有、拥有受过教育的多元人口的城市出现于18世纪前的亚洲，但科学突破并没有在那些亚洲城市里发生。

另一个改变蕴于关于世界的知识之中。从15世纪后期开始，欧洲人获得的知识突飞猛进，这种知识增长以哥伦布发现新世界的航行为标志，但是也与印度和其他东方国家日益增进的交往密不可分。人群的融合和贸易的迅速膨胀都是交往的一部分。

这个新思想世界的重要原料之一是文化传统的融合，特别是在欧洲地中海地区，犹太教徒、基督教徒、伊斯兰教徒和其他许多种族的人聚居在一起。同样重要的还有广为人知的欧洲多元化传统。在非常狭小的区域内，存在多种不同的宗教传统，纷繁多样的政治体系，源殊派异的司法惯例、语言和亲族体系。当然，文化交融和多元化传统这些因素，要比基督教西方包罗更宽泛，而且相当重要。

还有一个变化有关政治。在与其他文明的关系方面，欧洲变得更加强势。15世纪以前，基督教的西欧还是一连串相对弱小和分散的国家，不断受到侵略征服的威胁，这些威胁最初来自蒙古，其后来自伊斯兰文明统御下的奥斯曼土耳其帝国、北非的酋长国和苏丹国，它们至今仍然控制着地中海的大部分地区。

在与印度和遥远的中国的较量中，欧洲势力明显居于下风直到15世纪。从那时起，确切地说，到了18世纪进步主义广为传播的时候，欧洲人变得更加自信、更加强大。更好的船舰、枪炮和政治组织成为建立海外殖民帝国的开端，这些殖民帝国在随后的几个世纪里统御世界。

结果，欧洲取得了真正意义上的进步——人们感到他们已经从中世纪的先祖、从古典世界开始向前迈进，能够与相邻的文明达成平等的、有时甚至是占优势的条约。一个标志性的事件是1571年勒班陀海战，西方的欧洲列强最终在地中海上击败了奥斯曼土耳其人。

另一个至关重要的领域是技术。弗朗西斯·培根在 17 世纪早期总结由他帮助促成的科学革命的主要原因时，重点阐述了技术进步的影响对于创造一个古人所不知道的新世界的意义：

> 这些发明的力量、优点和影响是显而易见的。没有什么能比研究古人所不知晓的三种发明——印刷术、火药和指南针更清晰地说明问题。这三种都是比较晚近的发明，且来源模糊，不为人知。这三种发明改变了世界上一些事物的整个面貌和状态，第一是文学，第二是战争，第三是航海。就此而言，没有任何帝国，没有任何宗教派别，没有任何伟人，曾对人类公共事务发挥过比这些机械发明更大的力量和影响。[3]

培根例举的印刷术、火药和指南针，确实都很重要，且都是由中国人发明的。我想再加上钟表和玻璃。所有这些技术发展都阐明一个事实：不是技术本身制造了差别，而是技术发挥作用的情境和具体用途造成了差别。在 15 世纪之前，中国的技术优势巨大，但是这些发明却半途停滞。例如，虽然中国人早就知道如何吹制玻璃器皿，制作精美的物件，却没有进一步演进。精致玻璃制造工艺的缺失，如传教士们发觉的那样，意味着人们无法拥有科学发展所需的多种基本工具——如显微镜、望远镜、光学镜片和化学实验用的曲颈瓶和烧瓶。我们将在下一章中看到，虽然中国的知识储量持续不断增加，但是其速率相对于欧洲从17世纪开始的发展而言，不可同日而语。

科学革命的一些影响

科技时代序幕的开启造就了深刻的变革,其中的奥义我们直到现在才能完全体会。大致说来,它是运转得越来越快的循环,围绕着由发现、发明和人工制品复制增殖构成的三角体系。因此,我们不但通过实验方法,以指数式的速度累积了更多知识,而且还将那些知识植入新技术中,带来知识的新一轮增长。

虽然创新性技术和可靠知识的储量在世界很多地方都在增长,其速率却趋向于线性,即直线式的(如数列1,2,3,4),因循达尔文式的自然选择而缓慢变化——即在随机变量中选择性地保留结果中最好的。而在欧洲的一隅之地出现的方法论和时代精神的变化,如雅斯贝尔斯描述的那样,导致了整个三角循环过程的系统性提速,且速率与日俱增。这个过程呈指数方式增长(如数列1,2,4,8,16),而不是线性的。下面的图表显示了线性增长和指数式增长的区别。

李约瑟厘定知识增长的总体框架,展现了中国两千年来的线性增长和始于欧洲的指数增长之间的区别。在《大滴定》图99[4]中，他比较了中西方科学。现将其图形简化如下：

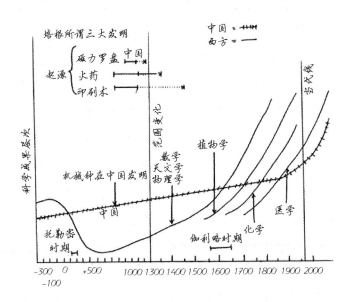

如果该图大致准确，那么，大多数西方科学的指数式变化开始于 1450 年至 1750 年之间，演递顺序依次是数学、天文学、物理学、植物学、化学和医学。

用以理解基本自然规律的理论知识率先出现了第一次增长，它是以指数式速度增长的。新发现的理论知识随即被用于制造更精良的工具，在这些工具的辅助下，思想的精确性得以提升，促生了更多用以探索世界的新工具。一个众所周知的例证就是钟表。从改编自李约瑟的图示（见 46 页）中，我们可以看到中国钟表如何以线性方式演进，并长久执世界之牛耳。而西方的指数轨迹起始于约 1300 年，在 17 世纪中期之前与中国的轨迹交叉之后，以持续上扬的趋势后来居上——其发展轨迹比在这张图上看到的要尖锐得多，因为其等级规模是对数式的。

其结果将在本节最后两张图上清晰展现。其一是安格斯·麦迪森于 2001 年绘制的，试图重构西方和中国的长程经济增长的图表（见 47 页）。

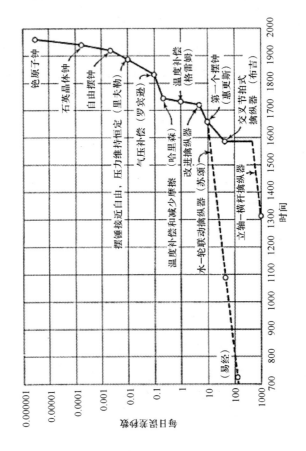

人均国内生产总值比较层级：中国和西欧
400-1998 A.D

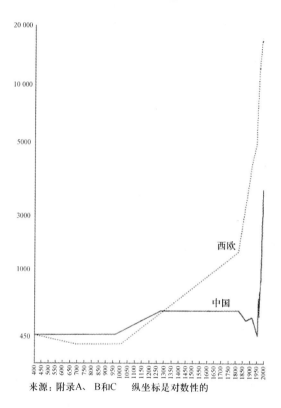

来源：附录A、B和C 纵坐标是对数性的

我们可以看到，欧洲经济体在大约一千年前随着农业和手工艺技术的进步而步入增长。根据麦迪森的描绘，增长是线性的。欧洲在大约14世纪时后来居上，赶超了中国。如经典经济学家亲历的那样，这种线性增长的态势一直持续到19世纪，工业和农业革命的成果被融入生活的方方面面，经济开始呈井喷式的指数式增长。

与此同时，中国经济增长的轨迹经历了"S"形的折曲之后平直延伸，并在19世纪和20世纪的大部分时间内向下沉降。然后，中国经济增长近半个世纪，特别是在过去的三十余年间急剧转变为指数式增长，速度甚至快于欧洲和美国。

* * *

思想不断演化，并以越来越快的速度广植于人工制品中，发明的方法得以制度化。之前，历史基本上是以线性方式发展的（如数列1，2，3，4）。从大约17世纪开始，思想观念和发明开始在西方呈指数增长（如数列1，2，4，8，16）。人们开始感受到这种增长的全面影响。但是，自 18 世纪中叶起，新知识被应用于燃煤蒸汽机上，将化学应用于农业之中，这种影响愈发显著。

指数式增长的影响不胜枚举。其中之一便是几个世纪以来，只有西欧独享了快速改进的各种技术带来的优势。正是这种优势促成了欧洲的扩张，尤其是英国的扩张。它使西方的力量和影响力至少在一两个世纪内超越世界其他地方。

其次，这意味着人们开始得以在自己的人生中见证事物的"改进"。哪怕有时，战争或混乱时局破坏了这种感觉，但"进步""启蒙"，以及后来的"革命"思想，皆出自对科学知识和技术力量带来的高速增长的体验。

另一个显而易见的后果是对人口的影响。亚当·斯密（Adam Smith）认为，世界仅能够供养约五亿人，承其衣钵的马尔萨斯（Malthus）也同样悲观。但是，马尔萨斯没有意识到（当然是暂时的）他的第二法则——生产仅能以线性速度提升——是错误的。生产能够以指数速度提升，因此，现在地球上的人口是斯密和马尔萨斯时期地球人口的十六倍！虽然其中

历史上的世界人口增长

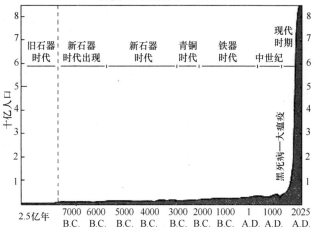

至少有四分之一生活在相当的贫苦之中，但数量相当于1750年四倍的人口生活在那个时代难以想象的舒适水平之上。上面的图表展示了到底发生了什么。

科学革命创造了机器，机器运转得越来越快，促使变化以日益倍增的速度发生。其中一个影响是，随着知识的指数式膨胀，思想体系开始更迅捷地转变，仅能持续一两个世纪或更短的时间。

西方的范式

行文至此，我一直在讲世界观，即历史上仅只发生过几次巨大转变，却影响了人类生活的方方面面和所有的人。迄今为止，人类已经见证了三次这样的巨变——神话时代、轴心时代和仅在西方世界发生的文艺复兴和科学革命。科学革命和文艺复兴之后，人类的知识体系开始朝着一种新型发展迈进，我把这种新型发展称作范式转变。如本书开始时的图表（见 17 页）所示，它在知识体系中处在低于世界观的层次。

既然知识是探究性的，并且日新月异，因而它很不稳定，会不时发生根本性转变，在知识精英层面从一系列问题和合理答案转向另一系列问题和合理答案。这种现象每隔几代人就会发生，但在近代却每隔一代或两代人的时间就会发生。在 20 世纪 80 年代以前，仅发生于西欧和美国，因为只在那里出现了西方式的理性世界。

在接下来的三个世纪中发生了很多变化，但是我仅能简要记述从 17 世纪到 20 世纪晚期在欧洲和美国相继出现的不断变化和相互对抗的范式的快速更迭。不同范式的演替也反映出政治权力之间的角力、通讯技术的质变和驱动，以及科学的力量是如何潜藏在日益混乱的观念历史背后推波助澜的。

进步和启蒙运动（1500—1840 年）

起源于文艺复兴和科学革命的核心变化是一个开放的知识宇宙的观念——有新的东西需要探索。16 世纪之后的思想家探索怎样把历史看作基于各种文明阶段（从最简单的阶段到今天的商业社会）的进化史。其中的问题意识包括有关进步本身的，在最宽泛的意义上也包括探讨国家的财富或政治的自由是如何实现的。

启蒙运动思想家探索占据了先前人类历史 99% 篇幅的早期农业社会和他们所亲历的，在欧洲西北部出现的前所未有的现代性之间的对比。

关于时间的观念如今开始进化式的发展，好比一条从 A 流向 B 的河流，一去不回还；时间不可逆转。人们所使用的隐喻也变得有种进步的意味：从黑暗到光明，从粗糙到通过"砥砺"思想和行为得到的光滑，从简单到复杂。隐藏其后的是将自然比作一部机器的隐喻，如同一个装了发条的宇宙，受制于科学家确立的新定律。

这一时期奠定了我们现在的世界赖以栖居的众多基础。在科学方面，罗伯特·玻义耳（Robert Boyle）和伊萨克·牛顿（Isaac Newton）的定律，以及弗朗西斯·培根和伦敦皇家学会的实验方法为现代科学设置了框架。在政治方面，托马斯·霍布斯（Thomas Hobbes）、约翰·洛克（John Locke）和孟德斯鸠（Montesquieu）的著作厘定了现代民主制度的标尺。未来的大部分社会科学于此时奠基。历史从事无巨细地收集往日的碎片，转向对人们所见之过去进行真正地分析。

乐观主义情绪高涨，以至于在18世纪后期，很多人认为一个新世界似乎正在美国和欧洲诞生，这带来了希望，认为蒸汽机和新的政治形式能够打破旧秩序。然而，一段时间过去，希望破灭了。法国大革命和拿破仑战争引发的灾变使政治乌托邦主义戛然而止，而早期工业主义和城市化的影响造成人们的恐慌，认为新的蒸汽技术可能会加剧人类的不幸。因此，1790 年至 1830 年成了重估和务实地重新评价的时期：表现为对托马斯·马尔萨斯著作中的乌托邦主义的抨击；对工业主义和城市化的讴歌遭到威廉·布莱克（William Blake）和威廉·华兹华斯（William Wordsworth）等人倡导的浪漫主义运动的诟病；而在政治理论方面，埃德蒙·伯克（Edmund Burke）和亚历西斯·德·托克维尔（Alexis de Tocqueville）的著作对民主政治的消极方面有所认识。

进化论（1840—1910 年）

19 世纪 40 年代，情况又出现了新一轮变化。又一股乐观主义和进步主义的激浪掀起了很大程度上持续至今的潮流。这种乐观主义进步思潮在 1840 年至 1900 年之间最为显著，它的智力支撑是进化论。

这一思潮的代表人物很多，怎么选择都有那么点武断，但无论如何都会出现在名单上的人物包括查尔斯·达尔文（Charles Darwin）和卡尔·马克思（Karl Marx）。也许还应该囊括许多现代社会科学复兴的缔造者们，因为这是一个历史学、人类学、社会学、考古学、经济学和心理学作为"科学"学科重新启航的时代，也是地理学、生物学和物理学被确立为大学学科的时代。

世界观背后的问题意识如今倾向于进化论式。人类的起源是什么？在一序列阶梯上将文明——道德、精神、社会、技术、政治——从最简单到最复杂依次排序的最好方式是什么？什么是变化和发展的动因？世界的不同文明是如何到达现在的境地的？

掩藏在这些问题背后的隐喻是生物性的：从一粒种子破土长成一棵植物，差异性和多样化，由简到繁、由小到大的有机生长。所有这些的价值极大重塑着我们的认知。我们仍在当代大学学科里使用的许多方法均酝酿于这一时期开山元老们的工作之中。

* * *

这一时期进化论式的乐观主义情绪持续了大约六十年，究其原因，大致有几个方面可以关注。

其一是达尔文和马克思这些思想家工作的社会土壤发生了变化。一个基本上由农耕社会构成的世界转变为由大城市主宰的社会。德国、法国、意大利和美利坚合众国等民族国家立国建邦，接踵成为工厂、成熟工业和蒸汽动力施展威力的用武之地。

以小规模社区为主体的农业世界迅速衰退。

到 19 世纪中期，几个主要非西方文明的最后抵抗折戟沉沙——征服奥斯曼帝国，对中国发动鸦片战争，镇压印度民族起义，以及非洲和太平洋地区日益迅速地沦落为殖民地。

乍看起来，似乎"现代化"和西方获得了最后的凯旋。进化论阶段兼容并蓄地从启蒙运动理论、马克思主义辩证法和达尔文进化论的荟萃中吸纳精华，以形成其意识形态，并在欧洲帝国和后来的美利坚帝国的扩张中如鱼得水，使欧美凭借技术领先征服和压制其竞争对手长达一个多世纪。

随着商人和贸易商、传教士和教育工作者、管理者和法官，以及陆军和海军涌入美洲、亚洲和太平洋，他们带去了现代化的讯息，试图在所到之处遍植他们的文化。其或明或暗的目的，是将西方人在国内学到的，包含了贸易、基督教、法制、商业资本主义、教育和科学在内的一整套西方经验复制、嫁接到世界其他地方。工业革命及西方海陆军摧枯拉朽的力量为之提供了必要的威慑力，使其踏翻了部落和农业文明。世界在西方的图景中变得驯服，而世界其他地方的发明和资源也像潮水一样涌入西方，反过来改变了西方。

＊　＊　＊

新的传媒时代正巧同时开启。19世纪30年代，人们从通过符号——书写和绘画表现世界——转向通过机器捕捉自然世界的片段。被人们称为"暗箱"的古老摄影装置可以让光通过针孔进入暗盒，从而产生一个倒像，如今在化学品的帮助下被改进，图像得以被制成底片。

相片能瞬间定格现实，即使最伟大的画家也不可能做到。相片可通过书籍和报纸被成倍复制，使短暂变为永恒，也使人类能够剖析微不可见的东西，从而彻底革新了我们对疾病的认知。照相机可缩小也可扩大这个世界，将远处的地方拉近，使人类得以拍摄遥远的空间，因此，照相机与望远镜的结合使用帮助我们绘制出宇宙的图像。人们开始通过玻璃看世界。改进的镜头使现实比以往更清晰、更鲜明。我们浸淫在图片的海洋中，图片广告在填补我们欲望的同时创造出新的欲望。

这些静止的图片被串联成移动的序列播放，影像再现的技术力量被进一步提升；到 20 世纪 30 年代，声音和色彩的加入为我们带来了现代电影。电影改变了我们的时空观念，与小说一样，成为创造威力巨大的幻想和神话的艺术形式。随着 20 世纪 30 年代的实验带来的电视发展，这种影响被带进了家庭。

功能主义和结构主义（1910—1970 年）

在 19 世纪后半叶，进化论的乐观主义遭到了智识挑战，导致愈发静态的时间概念产生，塑造了通常被认定为功能主义（functionalism）和结构主义（structuralism）的范式。这一时期主要思想家关注的问题包括：形形色色的制度的功能是什么？一个完整的结构由什么组成？社会结构是如何持续的？既定社会的关系模式是怎样的？在进化论中飞速运转的时间，倏忽之间偃旗息鼓。一种大致为静态的宇宙观接踵而来。关注平衡、社会的横断面和系统的自我修复，短暂的变化成为人们的兴趣所在。重要的是理解当下，盛行已久的进化论框架被置于一边。

功能主义的隐喻是机械式的。因此，一个制度——如家庭或信仰体系——与整体的其他组成部分密不可分，如同一个车轮之于整个汽车，各司其职以维持整体运转和功能发挥。功能主义，像这个名称指明的那样，是探究一项制度或信仰如何为社会服务及如何发挥功能使社会生活延续的方法。因此，例如关于婚姻，功能主义者要追问的不是婚姻在遥远的过去起源于哪里，而是婚姻在一个特定社会中的用途和功能是什么。

对于我们今天的所知所为，功能主义的范式留下了浓重的印记。抨击西方自以为是的种族中心主义假设，尝试在一个体系自身的语境中理解这个体系，对特定社会深入腠理的研究，对多样风俗和文化细节丰富的描述，对变化着的群体和文化的微观研究——功能主义在所有这些方面都遗留下了丰厚的研究传统。

* * *

那么，在20世纪前二十年间，向结构主义（包括功能主义）知识转型的背后隐藏的究竟是什么？

答案是：城市化和机械化进程快速推进。世界在20世纪的头几十年间摇身一变，成为富有竞争力的整体工业文明；德国、法国、日本、美国和俄国争相效仿英国，成为以机器制造为基础的国家。石油作为新的能源来源，为革新提供了燃料，而电力的使用帮助人们分配能量。

19世纪末和20世纪初，进化论的全盛地位崩塌，与欧洲国家相对于世界上其他地方开始衰落同时发生，这并不是巧合。19世纪末，以印度为首的殖民地爆发民族运动；日本的经验宣示，一个亚洲国家也能打败俄国。帝国开始遭受反击。欧洲军队、商人和传教士不能再像以往那样恣意践踏非欧洲人民。

相对虚弱的欧洲——举目东望一片狼藉，回首西盼又看到美国力量的崛起——第一次世界大战爆发为美国注入强大的力量。任何关于欧洲人比其他人更加文明、理性或高等的假设，很快在不得要领的流血冲突中被推翻。

堕入另一场可怕的战争并不能培育自信。问题的关键是如何握紧已经获得的东西，如不列颠人试图在日益增加的挑战面前保持他们的日不落帝国。工业文明造就的第一波财富似乎要被 20 世纪 30 年代发生的经济危机"大萧条"消耗殆尽。一个静态的范式与所有这些不谋而合。

通讯技术发生了变化。与电话和电报传播同时出现的重大转折是无线电的使用。另一个变化再次与玻璃有关——移动影像的时代来临了。从起初的黑白默片，到 20 世纪 30 年代起演变为有声的彩色电影。功能主义的年代也是早期电影的兴盛时期。

*   *   *

第二次世界大战期间，出现了一种处于恒定态的功能主义的特殊典型，被称为结构主义。最著名的结构学家有语言学家诺姆·乔姆斯基（Noam Chomsky）、符号学家罗兰·巴特（Roland Barthes）和人类学家克洛德 – 列维 – 施特劳斯（Claude Lévi-Strauss）。

结构主义学者设定的问题是，关于探索人类思想的深层普遍特征和人类思想的工作机制、思维密码、语言学和其他符号性结构。在早期的功能主义中，对时间少有兴趣；它是一个静态的范式，着眼于时间的层次，而不是它的发展或运动。结构主义惯用的比喻包括叠加的地层、语言结构的表里，以及计算机的二进制代码等。

结构主义的理论体系适应于第二次世界大战之后帝国时代结束、东亚力量崛起之后形成的稳定时局，适应于更加平衡的世界。

技术革新是引起智识转型的原因之一，而在诸多技术革新中，我只想提起一例——电视。电视与电影有本质的不同，一方面因为电视进入了人们的客厅，成为日常生活的一部分，另一方面因为电视信号的工作方式可以为人们提供一种特别的参与式体验。它向我们展示了他人生活的即时性和情感化的图景，从而打破了公共生活和私人生活的界限，消除了分歧和不平等。电视将我们多样化的广阔世界变成了一个地球村。

* * *

对新思想体系永不停歇的探索意味着，即使结构主义一时胜利，竞争性的世界观也会相继出现。20 世纪 50 年代不断提升的富裕程度和美国霸权的发展开始鼓动其他形式进化主义的复兴，掀起马克思主义、文化唯物主义、技术决定论、社会生物学和世界体系理论的新浪潮。因此，20世纪60年代至20世纪80年代，早前那些宣扬欧洲独特性的假设又愈发肯定地卷土重来了。

人们再次开始追问宏大问题，如历史的基本决定因素是什么？意识形态引起的神秘化是什么？人类生活的基础是什么？表面上层建筑是什么？时间被拉伸成为长期的"阶段"，"发达国家"和"发展中国家"再次对峙。

这些进化论的新范式再次与技术变革息息相关。尤其重要的是工业和科学生产的巨大进步给美国、日本和欧洲注入新的财富和权力，而军事装备的巨大进步不仅使两大超级大国陷入军备竞赛，还沉迷于力图证明共产主义或者资本主义的宇宙观哪个更有效的意识形态战争。

所有这一切在20世纪80年代发生了天翻地覆的变化。复兴的大国——中国，从80年代初开始崛起，80年代末苏联解体，彻头彻尾改变了我们现在追问的问题。但是，由于从那时到现在的时间间隔实在太短，还不能清楚地反映出现在的哪些设问是有意义的，哪些答案可能是有裨益的。

注 释

【1】【2】杜赫德，《中华帝国全志》（1741）Ⅱ，第 124 页。
【3】 弗朗西斯·培根，《新工具》（1620）第一卷，箴言，第 129 页。
【4】 李约瑟，《大滴定》（1969），第 118—119 页。

Convergence in a Global world

全球化世界的合流

前现代、现代与后现代

一个没有世界观的世界

加速变革的今天

我们现在的情况——道的终结？

前现代、现代与后现代

随着科技发展和东西方政治关系不断演变，社会、经济、政治、宗教及其关系的变化，日益成为推动后文艺复兴时期范式转变与当今世界发展的第三大因素。考虑到很难用几页纸详述从 1400 年左右至今发生的变化，我会直奔主题地剖析我认为诱发这些变化的核心，即我们驾驭生活所依凭的不同制度之间的分离。

首先借用一个简单的图表提出论点（见 68 页）。

回顾悠久的人类历史，我们可以发现四个主要的发展动因。第一个是朝着物质丰裕、商品生产与消费方向的发展，或称我们现在所谓的经济。第二个是朝着权力与统治的发展，通过暴力对他人实施有形或象征性的控制，如今我们称之为政治。第三个是个人与社会、社会关系、亲属关系和生育制度，这属于社会的领域。最后一个是朝着认识、知识、信仰与伦理方向的发展，即宗教与意识形态范畴。纵观历史，大多数文明的基本特征是上述四个发展动因的局部分离。

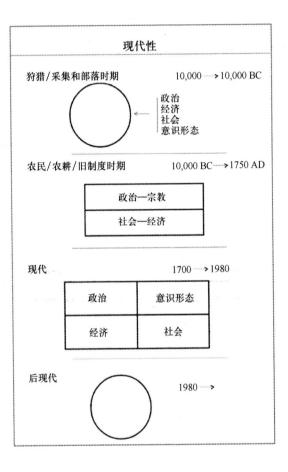

在文字出现以前的采集狩猎与部落社会，世界上没有或很少有制度分离，当时的关系是千丝万缕的，不存在独立的制度领域。那是一个以泛灵论和亲属关系为基本组织力量的世界，其中所有事物均有象征意义。我们在这样的社会中讨论政治，其实不是真正意义上的政治，讨论的经济其实也不是真正制度化的"经济"。那时还不存在作为独立制度的国家、市场、宗教和社会。

数十万年来，在超过九成时间里，这个星球上人类的生存状况都是如此。这也反映了19世纪末之前大多数社会的情形（就社会的数量而言，而非人口总数）。

起源于大约几万年前的"文明"开始为分离暗通沟渠：文字、金钱、城市、先进技术和宗教制度确立，都驱使这些领域分裂开来。"文明"的发展是其他学者所说的"传统"、"农耕"、旧制度或者农民社会浮现过程的简写。在此阶段，**国家、市场、宗教**与社会逐渐从制度上设立，并出现了一定程度的分离。

但是这些分离都只是局部的，因为当时的政治与意识形态依然抱合为一——就如在儒家思想、伊斯兰教与天主教中体现的那样。而且，在城市和市场的小块地界以外，大部分人口仍然生活在所谓"家庭作坊式的生产模式"之下，"农民"生产和消费以家庭为单位，使这两个领域依旧密不可分。这就是"小"（口头的）传统与"大"（能读会写的）传统的世界，有边界的社区世界，奴隶制度、农奴制和种姓制这类秩序的世界。在这个世界里，农民为有学识的少数富人所驱使。

* * *

有关第一个"现代"社会（我所使用意义上的）何时出现的问题备受争议。如果我们所言的社会理想型是一个政治、社会、宗教与经济正式分离为不同制度过程的社会，我认为不管最初的起源是什么，毫无疑问，16 世纪的英国与荷兰在心态、道德、宗教观点、家庭制度、经济结构与政治动态方面很大程度上都已分离，并趋向现代。实际上，早在 17 世纪大英帝国向外扩张，早期移民迁居美国和加勒比海时，就已经出现了四大领域的分离。这就解释了为什么在 17 世纪上半叶主要由英国移民建立的美国"生而现代"。

在迁徙过程中，早期的移居者保留了其分裂的
"现代性"。他们试图形塑迅速扩张的帝国，法律、
习俗、市场经济和行政管理都依照他们在故国经历
的那样，沿着分裂的"现代"模式思路建立的。

有趣的是，我这个现代性分离的观点同雅斯贝尔
斯的近似：

雅斯贝尔斯	社会形态
神话的	狩猎采集和部落
轴心的	农民与农耕
科学的／技术的	现代

由于雅斯贝尔斯著述的时间太早了，他的论说中
缺失了当前的后现代阶段。但是这些分离与雅斯贝尔
斯的观点如此契合，暗示出一种因果关系。

不难看出部落结构与神话体系如何被联系在一起，
亦不难看出农民与旧制度时期局部强化的结构特征是
如何与轴心时代相吻合的。轴心系统仍然是封闭的；
权力与知识之间的联系牢不可破。同样在家庭内部，
农民体制将经济和社会扭结在一起，并形成了特定的

意识形态。儒家思想、罗马天主教和伊斯兰教都是旧制度时期的完美宇宙观。

在文艺复兴与科技革命期间，仅在欧洲外围的小片地区出现了新的开放式社会结构——意大利城邦、尼德兰、英国与部分斯堪的纳维亚国家——为从艺术和科学中孵化出来的"现代性"提供了空间场所。此时，四大领域已经全然分离，思想也日趋"开放"。

某些天主教国家重复宣扬政治与宗教之间的密切关系；在意大利、法国与西班牙的反宗教改革运动中，科技备受冲击。只有在少数思想开放的地区，特别是在英格兰（与苏格兰）、荷兰与斯堪的纳维亚，新科技才实现了突飞猛进的发展。

如果情况属实，只有在四大领域发生分离时，科学和技术才能更快发展。这一趋势从 19 世纪开始，波及欧洲大部分地区；20 世纪后期才在中国发生。

* * *

随着世界向现代性转变，人类的思想愈发高效、理性和强大。思想灵活可变通——再也没有宗教、政治、社会或其他强加的限制，阻滞一个人去追求他所认定的真相。身处一个开放的新世界，思想家可以用最有效、最理性的方式实现自己的追求。竞争越激烈，人类越渴望新知识，自由就越高涨。各种权威——长辈、父母、教师、牧师和统治者——都被消解；一个人可以毫无畏惧地看待万事万物。这也使得一个人的思想更容易改变。

思想变为一个自主独立的领域。宗教与政治的约束力变弱。此外，作为思想产生的情境，一个基于成就的开放等级体系，要比基于出身的种姓类体系更有效。由于各个独立的国家不再局限于当地错综复杂的政治－宗教传统中，各种思想就更容易穿越国界。因此，在很多层面，四大领域的分离和开放的科学是一枚硬币的两面。

这对技术与创新增殖同样适用。灵活自主的资本主义制度倾向于支持有效的新型创新。赚钱成为主要的驱动力，有用的发现可以获得专利并被推向市场。因此，在一个分裂的"现代"世界中，热衷于思考的人群具有诸多优势。

然而，这也存在局限。当领域之间分离时，思想观念再也无法被独立地审定。换句话说，不存在可以保证思想真实性的外部权威。思想观点需要凭借自身的正确、实用和有效而引人注目。父母、上帝、传统、国家抑或承继而来的等级差异，都无法为其背书，也无法再对其施加控制。因此，各种思想在所谓的"公平竞技场"上百花齐放、交相争妍。这有利于保证效率，但对于参与者而言却毫无安全感，因为他们无法向自己或他人确定或保证他们就是正确的。

* * *

上述状况持续到 20 世纪 70 年代，然而后现代性又复何如？在本节开篇的图表中（见 68 页），我将后现代性视为四个领域重新融合成一个不可分割的整体的过程。这实际上是对现代性的突破，使四大领域重新排列；唯此之时，一个个体身上可以统合宗教、政治、社会与经济领域的方方面面。尽管这是一种新融合，却并不意味着回归到一个前现代或者轴心世界。

如果制度的碎片化或者分裂再上一个新台阶，一个人会像由很多小镜子组成的旋转玻璃球一样，从世界的四面八方采拾影像和观念，映现几秒后，旋即急转而去。

因此后现代性的终极发展是要把人从"一沙一社会"——就像荒岛上的鲁滨逊那样，一个人反映整个社会，演变为"一沙一世界"—— 一个人成为大千世界的反映。如今，我们中的许多人从中国、印度、南美、非洲与西方思想中撷英拾慧。我们每个人都具备皮柯·艾耶（Pico Iyer）所谓的"全球性灵魂"。由于信息总量与变革速度的指数式递增，每个人的身份认同几近一天一变。

哲学家大卫·休谟（David Hume）挑战了一个人只有一个单一认同的观点——指出我们就像是一条项链，随着时间推移，被许许多多不同的经历串成一串；只有到末了，我们才可以看清它们是如何被连接在一起的。而在后现代时期，我们更上层楼。这条项链拥有了更多的宝石，同时每颗宝石本身就是一个多面镜体。

如果我们将视角切换至一个全球化世界，这些情形又有何影响呢？如今，现代性的优势和局限都被放大。世界变得更灵活、更多元、更易发生变化、更无边界、更"理性"、更符合物竞天择的达尔文原则。所有这些都在以日新月异的速度发生。然而，新知识也越发缺少灵魂性和外部合法性。世界五光十色、富有成效，但至少对一些人而言，却黯淡无彩、虚幻若无根浮萍。在漫无目的的旅游、休闲、教育、娱乐中，有时甚至在人类关系中，我们都可以觉察到这一点。知识也难逃此命运。我们将更深入地解析其对世界观与知识范式的影响。

一个没有世界观的世界

转变发生于 20 世纪 70 年代以后，并在接下来的二十年里积蓄力量，并没有形成一种新的世界观或范式，而是形成一种趋势，旨在分解所有统合为一体的世界观。这与之前那些从世界观 A 转变到世界观 B 的变化截然不同。它在本质上是对拥有一种世界观（或常说的"元叙事"，meta-narrative）的可能性的攻讦。需要意识到的是，世界变化的速度，尤其是政治与通讯的变化速度，意味着不管在西方或世界其他地区都不可能再出现一个可为世人所共享的景象。

一些作家宣称我们可以超越以往各种世界观，可以摒弃它们，或随之其后成为"后主义"。于是，结构主义消亡了，因为它预设人类思维有一个基本结构。既然现在再也没有基础普遍的分类，我们便成为后结构主义者（post-structuralist）。

欧洲帝国轰然倒塌之时，殖民世界的旧政治秩序也随之消失殆尽。于是我们有了后殖民主义（postcolonialism）。提倡男女基本平等与本质相同的女权主义的确定性受到了挑战，于是我们有了后女性主义（post-feminism）。

启蒙主义关于人类理性必然胜利，社会和知识必然进步的信念，被有些人认为是站不住脚的，尤其在经历了恐怖的大屠杀和其他种族灭绝事件之后。所以，后启蒙主义（post-Enlightenment）应运而生，我们也可以称之为后理性主义（post-rationalism），这时人类理性变得不再客观和充分了。

一言以蔽之，我们进入了后现代时期。它与在艺术领域摒弃现代主义传统的运动（在世界大战期间大行其道）密切相关。摒弃"现代性"，即是摒弃用空前高涨的理性化介入宗教、政治、经济和社会等抽象制度领域，催生"后现代主义"（post-modernity）与"后现代化"。

当我们关注的基点从生产经济转向消费经济、从工厂转向服务时，我们就进入了后工业世界。同样，尽管实验室科学仍然必不可少，却不再被绝对信任，不再是一项探求无懈可击的真理的客观研究，而被认为是一种建构、想象和虚构的追求，它屈从于时尚潮流，充斥着违背直觉的自相矛盾。

此外，国家作为个人依附的基本单元的时期结束了。在资本全球流动，电子通讯网罗世界，人口大量迁移中，国家的含义被日益削弱。不再有真正的国家，只有"想象的共同体"（本尼迪克特·安德森的词汇）。我们生活在后国家主义的全球化世界。

* * *

怪异的是，我们尚未对后现代主义达成任何共识。不管后现代主义是什么，对于许多思想家而言，都是一种显而易见的威胁，相信旧有元叙事的人们奋起攻击这些新观点；其中，左派觉得它是晚期资本主义用以"摧毁"马克思主义或社会主义优越性的最后诡计；右派认为它是左翼知识分子用以传播相对主义、多元文化主义和削弱西方权力的阴谋。

* * *

"后主义"之后会发生什么？回答这个问题的难点

在于后现代主义的唯一定义是其反对所有元叙事，它如此无色无相，以致任何事物都没法反对它。它包含成千上万个同步竞争范式——可能像一种现代宇宙学理论设想的那样，世界由十几个维度组成，其中许多都是微小、卷曲而无形的，与我们意识到的几个维度共同存在。

后现代主义可以无限递归。反对各种形式"后主义"的人士并不想重落旧日之窠臼，而是希望利用一些超乎其上的东西取而代之。然而，发端于 2005 年前后，被称作"后现代主义之后"（after postmodernism）的运动，终究陷入了一种不可能为之的窘境。

流派林立，一个一统江湖的新范式或世界观难以重现；知识中心众多，得到确立和承认的领导力量却付之阙如；关于这个飞速变化的世界的信息纷繁芜杂，以致不是所有的内容都能生根发芽。

* * *

后现代主义的代价是什么，尤其是对于年轻人来说，对于中国来说，最明显的一点就是不确定性。现在我们不仅会怀疑答案是什么，还会怀疑我们应该问什么问题，因为没有"常规"科学的理论范式可以用来推导上述问题。潮涌而至的思想之流，例如相对主义、建构主义（constructivism）、反实在论、反科学与反客观主义，不可能汇聚在一个新框架中。它是内容丰富的陈酿，而非纯净的清流。

除非你有一个可供反对的参照，否则很难建立一种理论。变化的一部分在于一切权威都被削弱；父母、教师、各种专业人士，包括政治家与宗教权威，不再值得敬畏。权威的式微对于接受单一世界观的世界的终结来说，既是原因，也是结果。

另一个导致碎片化的原因是一套再明显不过的乏味陈词——即人们在数以千计的电视频道中来回跳转，人们有数以千计的电子通讯方式可供选择，经由移动电话和包括脸书与推特（微博）在内的社交网络，原本沉静的思维不胜其扰。这些持续的干扰在旧有的印刷技术时期是不存在的。书本可能使人目不转睛——但绝不会嘟嘟作响。

再一个影响因素是人们成为作者的可能性增加。新媒体为自我表现提供了多种潜能，例如，"Youtube"、自出版、博客与个人网站能够实现知识民主化，使每个人或多或少更为平等，权威人物不复存在。任何人都可以制作电影、录制歌曲，以创作谋生而毋庸成为商业组织内的专业人士。

此外，在线讲座、图书馆和维基百科使大量资源触手可及，推翻了权威性和一致性，削弱了大学这些正规机构的垄断性。这是一个快速发展的达尔文式丛林社会，充满随机变异和优胜劣汰。

* * *

改变以日新月异的速度发生。人们的生活不仅变化越来越快，步幅也越来越大。作为一名古稀长者，我得以回顾七十年人生目睹之现象。在20世纪四五十年代，英国发生了翻天覆地的变化，到20世纪60年代似乎愈演愈烈，变革一直持续，到了20世纪90年代，发展速度更是亘古未有。这些变化（时不时）让我感到心神不稳，因此我很难想象，当中国或其他非西方世界地区以更快的速度发展时，那感觉会是什么样子。

作为主要的思想载体，书写、印刷与纸质书本的变革也产生了一定的影响。上述媒介的生产与吸收过程都很缓慢，只是一种典型的"窄播媒体"（narrow casting），只能接触一小部分观众，主要是受过良好教育的观众。但是新型"宽带"（broadband）媒介的制作过程更省力，可以跨越文化障碍与年龄限制，可读性强，任何人甚至是婴儿都可以满意使用，可能在几秒钟之内就能拥有数百万读者。

西方霸权的衰落、欧美经济体实力和声望流失、西方帝国主义的终结，与日本、中国、印度、南美的崛起一同造成了目前的影响。如今，思想观点发端于世界各地，而不仅仅是源于一个中心。举两个明显的例子，宝莱坞制作的电影数量超过了好莱坞，中国发

世界观的传播

| 1970年之前 | 1970年之后 |

表的同行评议学术论文数量超过了美国。

另一个变化是之前的意识形态与政治息息相关。统治集团的意识形态符合其政治议程，如大英帝国、苏联或资本主义美国体现的那样。现在，意识形态和政治慢慢分离，电子时代的统治者与精英越发无力控制大众教育的进展。

另一个因素，遵循杜克海姆的思路，是由于意识形态不仅反映社会，还可以创造社会，世界范围内社会群体的日益碎片化——种族、阶级与职业群体日益混乱——必定会造成思想上层建筑的碎片化。

另一种变化是在哲学方面，确定性的世界转变为可能性与相似性的世界。这在数学、运算、科学与经济学的发展之中不断展现。事物不是非对即错，而是更正确、真实或不太正确、真实。我们时代的口号是"最好是好的敌人""足够好""差不多正确"，而非"一定错误"。

这也是一个建构主义世界，是由每个个体创造的世界。我们创造自己的世界而非被动接受这个世界。因此，每个事物都会不断地被重新制作并经受考验。这是一个思想极端个人主义的世界。

加速变革的今天

许多原因导致了竞相争鸣的范式的勃兴与共识的终结，其中有些我在上一章中已经有所涉及。在此我希望树立两个观念：第一，变革的速度与维度呈无与伦比的指数式变化；第二，中国是变革最剧烈激荡的国家之一。

经济增长

当然，这一沧桑巨变与经济增长的惊人速率密切相关。中国的财富总量和个人收入，在最近三十年里持续增加。

据国际货币基金组织估计，中国的人均国内生产总值（GDP）在 1978 年到 2001 年间翻了四番，在随后十年间又翻了六番。即使考虑到通货膨胀因素，其平均每年 8%~12% 的实际经济增长率依旧蔚为可观。

我们可以通过下页的图表更详细地考察近期的发展和持续的趋势。

中华人民共和国国内生产总值
(GDP) 1952~2005年

GDP（以十亿元人民币为单位）

2005年18232.1亿

1952年67.9亿

朝鲜战争　　"大跃进"　　"文革"

农村土地私人承包　深圳经济特区　上海经济特区　1997年亚洲金融危机

加入世界贸易组织

1978年后以市场为基础的经济改革

纵轴: 0, 2000, 4000, 6000, 8000, 10000, 12000, 14000, 16000, 18000, 20000

横轴: 1952 1956 1960 1964 1968 1972 1976 1980 1984 1988 1992 1996 2000 2004　年份

左页图中所预示的未来令人震惊不已。如果当前的预测属实，到 2016 年中国与美国的国内生产总值将大概持平；到 2035 年，中国的 GDP 会是美国的两倍。

对应先前关于变革带来西方和非西方力量关系变化的讨论，其影响之一就是经济与政治权力东移势必打破原有的平衡。直至 20 世纪 80 年代，尽管日本、新加坡、中国香港与韩国等国家和地区纷纷崛起，西方仍旧牢牢把握大权。可 20 世纪 80 年代后期开始，尤其是最近

迄今为止，最为迅速的世界经济重心的转变发生在2000年至2010年间，扭转了过去几十年的发展态势。

世界经济重心的演化[1]
公元1年至2025年

1　经济重心的计算方法是在三维空间中通过国内生产总值对各地加权，再投射到地表最接近的点上。在本世纪中，经济重心的地表投影向北迁移，反映出的事实是在三维空间中，美洲和亚洲不但是相互"比邻"的，而且是相互"跨越"的。

来源：麦肯锡全球研究院安格斯·麦迪森的分析数据，格罗宁根大学。

十五年，权力发生了转移。上一页那个简单的图表清楚地展示了这一点。

世界经济权力中心居于大西洋的时期结束了，最后一个统合为一的西方范式（1940年与1990年间）也随之终结。目前世界经济权力中心正在迅速跨越俄罗斯，迈向中国的北部边界。

人口增长

我们可以通过右页的图示察知中国在过去几百年间的变化之巨，人口急遽增长，即使1979年出台了计划生育政策，增长态势依然持续。

这个表格只采用了1990年以前的数据。从那时起，中国人口总数又增加2亿多。现在人口总数与1960年间的大约6.5亿相比翻了一番，达到13.5亿。这一令人瞠目结舌的增长速度，给人与资源的关系造成了巨大压力。

城市化

在变化过程中，另一个同等重要的问题是人类的居住地。最近来到中国的游客都对中国城市的发展赞叹不已。几年前的小城镇现在变成了大城市；以前

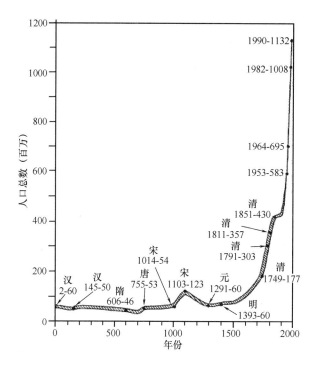

的小城市变成了大都市。中国人口数量超过一千万的城市数量可观，其中有些城市的人口数量甚至超过两千万。大致说来，中国用一代人的时间实现了英国三代人才完成的城市革命。

在1970年，大约六分之一的中国人居住在城市里。现在，城市居民数量远超农村居民数量，甚至超过了1960年的中国总人口数量。

这一转变是世界历史上绝无仅有的——没有哪个地区曾如此迅速地崛起这么多的百万人口级城市。这显然对人口、资源利用与社会关系产生了巨大影响。

当19世纪末与20世纪初美国进行城市化时，一些社会学家试图推断把一个人从生于斯、长于斯、劳作于斯的稳固农业社会迁移到庞大的都市会产生什么后果。

研究表明，生活在熟悉的小型社区中，人们可以建立多层次的人际关系——与亲属、邻居和朋友比邻而居，生活大多利用口头交流，并通过礼仪与合作活动呈现。

当人们移居到城市，尤其是因为工作关系而迁移时（这是中国城市增长的核心特征），他们与自己的亲属和童年好友的联系被切断。由此，他们成为一支孤独而分散的劳动力大军，处境艰难地生存在中国城市特征式的高楼大厦里，仿佛陌生人海中的一叶孤舟，他们颠沛在与父母、祖辈迥然不同的生活节奏中。

在城市里，人们更重视时间、隐私与持续努力的工作。人造景观随处可见，长期的人际关系逐渐淡化。这似乎就是导致社会学家所预言的异化与漂泊无根的原因。

我们很难预测迈向特大都市的大转型究竟会造成何种后果。乡村中国业已成为都市中国，印度、南美与非洲也正处于类似的进程中。而且，这一切发生得如此迅猛——人类历史长河中，经由几代人时间缓慢发展的城市化过程远不能望其项背。

通讯技术

技术是引发变革的另一个主要原因。首先，旅行的速度加快，成本降低，这意味着通过驾车、乘火车、搭飞机，数量可观的人们如今处于迁徙之中。其次，电视节目的质量与传播范围的扩张，卫星服务已经遍及大多数偏远地区。第三个是电话革新，通过卫星或移动电话，我们可以与所有人保持联系。

所有这些变化都与数码或电子革命息息相关，极大影响了电脑的成本降低与普及，体积也从大型主机压缩到现在的笔记本及平板电脑，并可以通过互联网进行连接。

在通用技术领域，尤其是通信技术方面，有个规律潜藏于前所未有的发展速度之后，那就是摩尔定律

（Moore's Law）。它是科技与技术交互作用形成的三角循环与效应累积的普遍规律的具体应用。科技缔造新思想，思想被具体化为一项技术，通过市场大量复制，通常繁衍出更有力和更准确的知识探索。人类发明的第一台可以自动思维的机器——电脑，就是这种情况。

摩尔定律是杰拉德·E.摩尔（Gerald E. Moore）在1965年提出的，后又经修改，宣称计算机的性能每隔18个月就会提升一倍。这一定律对于移动电话与数码相机等其他数字装备也同样适用。令我记忆犹新的是，2009年当我走进北京城中心的一家苹果专卖店时，目睹许多年轻人簇拥着数月前在剑桥尚未得见的设备而惊叹不已。我自身在变革中的成长经历，让我意识到变化速度可以如此之快。如今，变革的速度更胜往昔。

电脑性能提升是变革的核心。从下面的图表来看，我们现在的电脑拥有相当于一个老鼠大脑的能力。预计到2025年左右，电脑就可以与人类大脑——地球上最复杂的现象——具有同等的能力。预计到2050年左右，一台电脑拥有的能力将相当于地球上所有人类大脑的能力总和。

如果我们将电脑性能的提升同移动电话、宽带、新

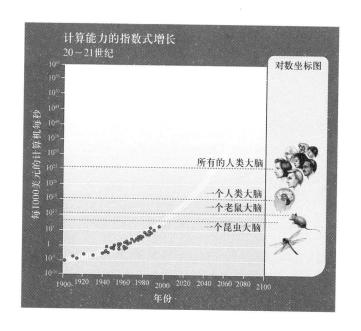

计算能力的指数式增长
20～21世纪

对数坐标图

式搜索与社交软件的历次发展放到一起来看，正在发生的事情让人难以置信。下页的图表显示了一些重要的指征。

　　不可思议的是这一切仅从二十年前开始起步。如果在2014年你是二十岁，那么在你十岁时，宽带才刚被引进。变化速度如此迅速，以致没有人真正知道其会产生何种影响。但是来中国的游客会注意到几乎每个走过身边的人都手持一部移动电话，而大部分中国人的生活如今消磨在微博和其他社交网站上。

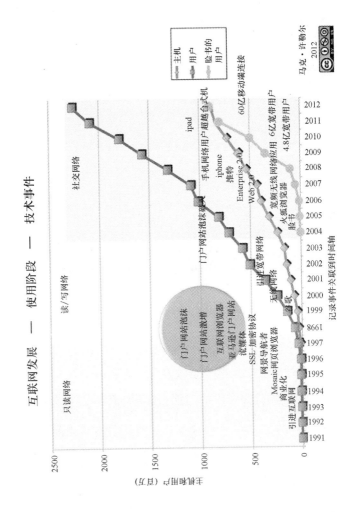

互联网发展 — 使用阶段 — 技术事件

只读网络　　读/写网络　　社交网络

手机网用户（百万）

记录事件关联到时间轴

马克·许勒尔
2012

这个与思维机器联结在一起的通讯革命史无前例。现在人们很难长时间集中精力，很难在关闭这些永远在线的设备后不感到与世隔绝。这说明人类那长时间不间断的思考与创造潜力已经被侵蚀。所有事物都是瞬时的。当然，许多威胁依然存在——例如网络欺凌、敲诈、在线色情与暴力。但与网络激情相比，正常的人际关系看起来枯燥乏味，按部就班。

　　数字媒体产生的新技术不仅仅局限于互联网。电影与电视数量激增、电脑被广泛应用于制造和分销的过程，大大小小的机器通过形形色色的方式进入我们的生活。

　　我们相当肯定的一点：如果继续保持现在的趋势，电脑就会掌握庞大的信息资源。维基百科与谷歌已经证实了这一点。每个人拥有的信息数量与质量都是前所未有的。这使得人们对所有人类科学与人文科学进行探索，知识大爆炸日益发酵。

我们现在的情况——道的终结?

中国的现状,特别是中国年轻人的现状值得以这本小书为鉴,进行反思。他们正面对一些不经常公开讨论的问题。首当其冲的就是巨大的哲学困境。前面几章纵览世界观和范式的变革,通过概括总结其中要义,专注找出于中国有借鉴意义的他山之石,或是对这个困境最好的化解之道。这本书中所涉及的大多数主题都可以用雅斯贝尔斯著作中的一张图表(见右页)[1]加以概括。早至20世纪40年代晚期,他已经预见了东西方世界歧路的终结,科学和技术时代会普及整个地球,并创造出一个"属于地球上所有人类的大同世界",或现在众所周知的全球化社区。

两千五百年之前的轴心时代意味着欧亚统一于一个共同的基础哲学之上。在公元8世纪以前,中国在技术和知识方面领先于其他所有文明。在很大程度上,这种态势一直持续到大约15世纪。

一些技术突破初现端倪,如苏颂(擒纵器)水钟、

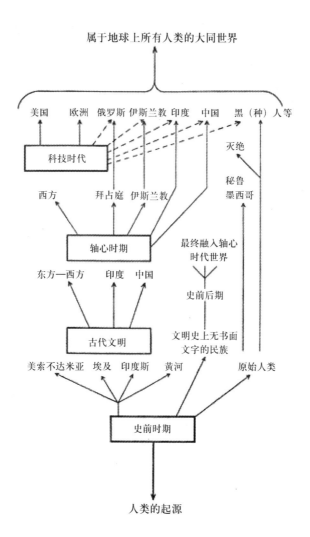

属于地球上所有人类的大同世界

美国　欧洲　俄罗斯　伊斯兰教　印度　中国　黑（种）人等

科技时代

灭绝

西方　　　拜占庭　伊斯兰教

秘鲁
墨西哥

轴心时期

最终融入轴心
时代世界

东方—西方　　印度　中国

史前后期

古代文明

文明史上无书面
文字的民族

美索不达米亚　埃及　印度斯　黄河

原始人类

史前时期

人类的起源

天文学、火药、印刷术、磁铁、早期玻璃制造、水力织布机；与此同时，大城市出现，贸易网络遍布全球。然而从15世纪开始，人们的世界观出现了巨大分歧。

西方进行了文艺复兴与科技革命，这在中国却没有发生。随着知识分歧加深，经济、社会与政体之间的分歧逐渐扩大。结果到了19世纪中期，以工业技术与科学为基础的西方力量日益强大。

诚然，在18世纪与19世纪间，中国引入了少量新技术与新思想。但到19世纪末，东西方已有天壤之别。一个小标志就是学术中心的发展。从13世纪起，欧洲的大学蓬勃发展，最早的学院诞生于此，可是中国直到19世纪90年代才建立了第一所现代大学。

去过日本与西方的中国人认识到了追赶其他国家步伐的必要性，因此自1890年到20世纪30年代，中国为移植引入西方的知识做了多番严肃的努力。然而，在一个庞大的帝国内完成这样一项巨大工程并非易事，自1912年开始的早期尝试旋即受到军阀时期的混乱政局限制，随后因日本侵略中国东北以及长期的内战而深陷泥潭。第二次世界大战期间的动荡使之难于登天。

实质上直至1949年新中国成立，中国基本上依然处于轴心时期的文明。中国几乎没有发起过科技革命，也错过了16世纪之后随之而来的诸多范式洗礼。此外，中国也从未经历过工业革命。

在这关键的时刻，中国又与西方断绝了往来（由于一些明显的原因，也与日本断绝了关系），重新回到了"封闭"的世界观。

因此，直到1979年，世界上五分之一以上的人口仍没有经历过雅斯贝尔斯所谓的第二次革命——科学与技术时代。当时中国面临的重任是重振衰退的经济——中国已经极为成功地解决了这一问题——以及应对庞大的人口与城市增长，重塑教育与家庭体系、法律与政府。同时它也进入了一个新思想时期。

如果与另一个突然向西方国家开放的东亚国家相比，中国面临的问题是显而易见的。在很大程度上，当时中国的处境与1868年明治维新时期的日本相差无几——甚至在面对新挑战时，中国的处境更困难。当日本吸收西方的冲击时，其保留了儒家与佛教的大多数基础。但是随着市场、阶级与宗教的分崩离析，中国的这一基础早已土崩瓦解。在我看来，就世界观而言，1980年才是中国的"新元年"。

而且，中国迈进一个更宽广的思想体系的时代，恰逢西方系统本身消解，"后主义"时代来临。不妨大胆假设，如果中国，譬如在19世纪70年代福泽谕吉重建日本时，就参与了对话，那么事情就会变得简单很多。那正是进化论范式的高峰时期，福泽谕吉参阅约翰·斯图尔特·密尔（John Stuart Mill）、亚历克西斯·托克维尔与其他西方哲学家的作品，为日本引进了正在西方发挥作用并相对稳定的世界观。他将发掘到的内容修修补补，使之适应新儒家思想，这项任务是易于操作的。

但是一个世纪以后，事态迥然不同。功能主义、结构主义、新进化论、新马克思主义不断涌现，但是到20世纪80年代，这些思想又都被抛弃了。后范式世界浮出水面，全球化时代到来了。

西方具有众多的知识先知及其追随者，可中国应追随谁呢？从阿尔伯特·爱因斯坦反直觉的不稳定状态到量子论，饱受沧桑的西方科学再次经受波澜：科学不过是一个追随时尚的社会活动，远不及百年前那样坚实可靠。

        *   *   *

    加速变革时代的另一个特点增加了年轻人的生活困难。如同其他动物一样，人类基于过去的经验认识自己的世界，通过回顾历史，寻得方向。但是此时，贯穿99.95%文字记载的地球人类生活的主要趋势与模式都中断或被颠覆了。最近两个世纪，甚至是最近三十年间，我们不得不将认为理所当然的事情抛诸脑后。

    正如应对气候变化的影响一样，现在我们必须要应对无与伦比和前所未有的更频繁的"极端事件"。我们只能使用几年前的数据研究社会、政治与科技的巨大变化。但这并不意味着趋势与模式都不复存在。不过我们必须更频繁地更新指导自己的精神导航系统，以将新可能与新趋势纳入考量。

    我们还面临另一个相关的难题。在缓慢变化的时期，长辈获得的经验可以传授给年轻人。父母和老师从生活中习得知识，其中有些知识对下一代人也大有裨益。但是现在，在很多国家和地区，人们都生活在一个日新月异的环境中，长辈习得的知识很大程度上都变得毫不重要。

在四十年前，也就是1973年，社会学家丹尼尔·贝尔（Daniel Bell）曾说过下面一段话。

没有哪个孩子可以生活在与其父母和祖父母相同的世界——不管是社会学上还是心智上。一千年以来——这可能在世界上一些地区还是可能的，但是这些地区范围正逐渐缩小——孩子们重复父母的脚步，采用固定的方式与仪式化的惯例，学习知识与道德通用书，与家乡和家庭保持基本的亲近。但是今天，孩子们不仅需要与过去彻底决裂，还必须为未知的明天经受训练。整个社会都必须面临这样的任务。【2】

往昔之真实写照，今时倍加有力，尤其是在中国。不仅是遥远的过去，甚至昨天，至多去年，已成为一个陌生的国度。即使是在我那极为传统的祖国——英国，在最保守的堡垒——剑桥大学，周遭的世界都在飞速改变，以致我感觉自己就像是一个陌生人。当我看电视或与年轻人交谈时，时常感觉自己理解不了他们的幽默、品味或谈话。

你可能认为我太老了（耳聋了）。但是当我与我四十多岁的孩子或二十多岁的学生交流时，他们传递给我同样的信息，那就是他们发现，自己的孩子或比自己小几岁的学生处在与自己截然不同的精神与道德世界中。在中国，一些年轻的朋友们告诉我他们经常无法理解比自己小一两岁的人。

*　*　*

就像我反复强调的，这很大程度上归功于前所未有的快速技术改进所发挥的作用。和世界其他地区一样，中国也正面临互联网革命的影响。然而由于经济发展速度快于其他国家，中国受到了格外巨大的冲击。中国文化远比除了印度以外的其他文明体量巨大，其物质财富水平的起点低于大多数西方国家。

这也与旅游和教育的开放密切相关，年轻中国人去西方学校与大学留学，外国游客到访中国，中国电视不断普及，移动手机以惊人的速度遍及中国。因此，可利用的思想呈现指数式增长。为了说明正在发生的情况，还需要再进行一次比较。我们已经目睹在 15 世纪与 18 世纪之间欧洲科技与知识的相对缓慢变化如何影响世界观与社会变革。现在的中国正用一代人的时间经历欧洲二百多年间发生的事，其发展节奏与强度都是前所未有的。

在我的成长经历中，1947 年第二次世界大战刚刚结束后，我来到了英格兰，并于 1966 年离开，回到家乡。回顾我的成长经历，这二十年沧桑巨变。福利国家的引入、大英帝国终结、汽车运输的发展、电视的普及、青年叛逆与流行文化就像是一个个分水岭。不过，在此期间我的信件与日记表明，我当时并没有意识到这些翻天覆地的变化。传承与传统文化如此厚重，以致新事物看上去也很老旧。

当我去印度、日本或中国旅游时，发现发展节奏大相径庭。1996 年甚至是 2002 年的北京或上海与 2013 年的北京或上海有天壤之别，同时期的加尔各答或德里也是如此。现在的发展速度不只是翻一番，而是翻数番。回顾这些变化就如同从一辆急速行驶的列车上观看窗外的村庄；恍惚间一闪而过，远方的景物很快被甩在车后。

*　*　*

　　有趣的是，九十年以前，人们就已经预测到了科技知识涌入的结果。1950 年，卡尔·雅斯贝尔斯引用德格鲁特（De Groot）在 1918 年出版的书中的语句：

> 当中国真正培养科学的时代来临时，中国人的精神生活会毫无疑问地发生彻底的变革，这既不会导致混乱，也不会催生一个新的国家，但之后中国将不再是中国，中国人将不再是中国人。[3]

　　尽管中国是一个极端的例子，但是中国的发展变化也映射了全世界的发展变化。每个人都在努力应对 15 世纪得以解放并在 18 世纪与 19 世纪得以发展的事物产生的累积影响。

　　早在 1950 年雅斯贝尔斯就预言我们将会踏入一个全球世界，届时每个人都会被改变。不过他这个预言的实现方式可能连他自己也会赞叹不已：

现在，开天辟地的第一次出现了，在一个人群单元里，没有哪件关键事情可以随处发生却不关乎所有人。根据此情形，欧洲人通过科技与发现引发的技术革命只是精神灾难的物质基础与诱因。关于现在已经开始的消融与重构过程的成功，德格鲁特发表了以下有关中国的评论——一旦完成后，中国将不再是中国，中国人将不再是中国人——这也适用于整个人类。欧洲也将不再是欧洲，欧洲人也将不再是德格鲁特时代人们所认为的欧洲人。到时会出现新中国人、新欧洲人，但是我们现在还想象不到他们的形象。【4】

雅斯贝尔斯是正确的，欧洲不再是欧洲，美国不再是美国。

* * *

最后我要说明，迅速东移的力量及科技变革是如何影响各国人日常生活的（甚至是古老、稳定的国家，例如英格兰）。

两千多年来，在西方，"宗教"一直被定义为对一个上帝的信仰，就像犹太教、基督教与伊斯兰教的一神论宗教。2013年12月，经英格兰高级法院裁决，考虑到做礼拜与举办结婚仪式的需要，山达基教（Scientology，即信奉科学的力量）在宗教地位被否定多年后，被认定为一种宗教。"宗教不应该被限定为只承认一个至高神明的宗教"，法官图尔森在判决时表示，"这样做是一种宗教歧视，不适用于当今社会"，需要注意的是，这一标准可能将佛教排除在外（在此我们还可以加上神道教、道家与儒家思想等）。宗教只是对一种分离事物的感觉，一种特殊而"神圣"的信仰。很明显，对该裁决的阐释可能更宽泛，包括其他很多坚定的信仰。

一千年以来，婚姻在欧洲一直被认为是男人与女人的结合。但最近十年，欧洲部分地区已经允许同性恋结婚；婚姻可以缔结于男人与男人之间、女人与女人之间，未来还有可能是人类与动物的结合。对于家庭的另外一种反叛是，人们一直认为一个孩子只有两个父母，且通过性交怀孕。现在两者都不再是必需的了。通过基因工程，一个孩子可以拥有三个或多个父母；人工受精也使怀孕不必再通过性交。

在英格兰，数个世纪以来，人们一直认为个人的隐私活动不应受国家监视。只有当个人直接涉嫌或被控告犯罪时，其通讯与活动才会被监督与记录。但是，最近几个月，许多国家尤其是英国与美国正在监控人们的每次电子通讯，并通过闭路电视与其他跟踪装置记录人们的大多数活动。

数个世纪以来，尽管有一波又一波欧洲大陆移民来到英国，但是英国的大多数人口起源于早期盎格鲁-撒克逊与诺曼底定居者。现在，大部分英国版图被来自五湖四海的大规模移民群体占据，不仅有欧洲人，还有加勒比人、南亚人、非洲人，以及日益倍增的东亚人。

数个世纪以来，人们通常以为英国人占据了英国的主要资源。但总部设立在英国之外的众多跨国企业拥有了诸多重要资产；住房、核电站、电力、港口、铁路、水电公司被海外企业尽数收购。

我可以继续列举其他例子。现在许多欧洲汽车都是由日本人设计的；欧洲餐饮深受亚洲菜式的影响（英国最流行的食物是咖喱与薯条）。在许多方面，生活方式都发生了诸多变化。基于业余人士自娱自乐的意愿发展起来的"体育",现在已经发展成一项大产业。过去了解虚拟世界的主要方式是读书，现在是通过互联网。过去人与人之间的主要互动方式是聊天交谈，现在是通过社交媒体与移动电话。过去购买商品的方式是去商业街的小店，现在大多是网上购物，商业街日益衰微。

简言之，1969 年离世的雅斯贝尔斯如果回到今天，他会发现一个迥然不同的世界。他或许能辨识得出旧世界的一鳞半爪，也会亲证自己的预言"欧洲不再是欧洲，欧洲人不再是欧洲人"。

* * *

上述内容可能会让你感到惶恐不安，所以在下面的篇幅中我会以乐观的语气收尾，因为我确实认为，如果对令人头晕目眩的变化节奏和快速的信息与技术进步催生出的诸多影响加以思索，我们会发现这有好也有坏。

我之所以写这部分内容，是因为我相信，知道自己为什么会感到茫然与困惑，时常孤独与焦虑，对你非常重要。中国与世界现在发生的变化具有一些积极的特征。在与年轻中国人的谈话中，我感觉到他们正在以非常积极的方式迎接这些挑战。他们没有自哀自怜，没有对中国过去两个世纪的遭遇感到过度的悲痛或愤怒，没有对西方的思想与财富表现出嫉恨，尽管他们希望能与之分享。当对大多数中国地区进行访问时，我认识了一些人，他们的韧性、好奇心与智慧给我留下了深刻的印象。我感到你们及你们的文明在很短的时间内以一种有条不紊、举重若轻及大体公平的方式取得了不起的成就。

在这个息息相通的世界中，中国是一位极其重要的参与者，我知道未来我们会从中国汲取并学习很多知识。世界既有利己主义，又有利他主义，我希望自己能竭尽所能让你们的生活更幸福、更丰盛。我写作这本书有很多原因。因为我相信可以将自己一生读万卷书、行万里路的所思所学传授给遥远土地上的你。我们通常认为我们从长辈身上学习不到什么东西，在此我对这个判断给予否定！我的确相信我们可以传递一些有用的知识。事实上，我们知道人类具有极强的韧性，足智多谋，并满怀希望。过去的中国承受了比今天还要糟糕的困难。这个世界也同样如此。但中国与世界比历史上任何时候都更富有，饮食更好，住宅更舒服，教育水平更高，人们的身体更健康，寿命更长。你成长在一个美好的世界。如果你怀有梦想并将梦想付诸实践，那么就能得偿所愿。如果你明白自己认为困难的事情，对别人来说也很困难，但是你可以通过持续努力的工作，采用乐天与平衡的方式克服这些困难，然后幸福地生活。

注 释

【1】 卡尔·雅斯贝尔斯，《历史的起源与目标》（1950），第 61 页。
【2】 丹尼尔·贝尔，《后工业社会的来临》（1973），第 170—171 页。
【3】《历史的起源与目标》，第 81 页。
【4】《历史的起源与目标》，第 83—88 页。

重要术语

知识型（Episteme） 米歇尔·福柯使用的一种认识世界（认识科学）的特别方法，与范式（paradigm）或型构（configuration）相似。

指数式与线性增长 （Exponential and linear growth）指数式增长的代表如数列 1、2、4、8、16、32 等，线性增长的代表如数列 1、2、3、4、5、6 等。指数式增长的威力超乎人的直觉想象。举例说，两个原始人只需要倍增 33 次，就可以达到现有世界人口数量。

功能主义（Functionalism） （1）社会制度理论阐释模式——它们如何互相契合。（2）研究一种文化内各单位对文化整体存在作用的人类学理论方法。

全球化（Globalization） 全世界范围内同质性与一致性的趋势（例如麦当劳、可口可乐）。

意识形态（Ideology） （1）一种文化信仰系统，

尤其是需要系统性地扭曲或掩饰社会、政治与经济关系的真实本质。（2）有关世界是怎样的或世界应该如何安排的价值观与信仰，可以被有意识、系统地组织为某种形式的程序。

对数尺度（Logarithmic scales） 对数刻度表示带对应数量级区间的数值，并不是一种标准线性尺度。一个简单的例子是纵轴或横轴具有同等间隔增量（标记为1、10、100、1000，而非0、1、2、3）的图表。因此，对数尺度上各单位增量，代表着给定基点的潜在数量的指数式增长（在此情况下为10）。（改编自维基百科）

范式（Paradigm） 托马斯·库恩提出的一种理论方法，用以界定某一时期科学和社会科学领域可以提出的基本问题。

象形文字（Pictographic writing） 用图示代表的意涵组成的最早的文字系统。

革命（Revolution） 统治社会、政治与其他关系规则的根本变化，颠覆性的变化（类似从板球改变为足球），与"叛乱"不同，因为后者只是改变玩家。

S 曲线（'S' curve） S 曲线描述了一种 S 型函数，一个可以绘制出横向 S 型曲线的数学函数。

社会结构（Social Structure） （1）按照地位与角色的结构组织团体或社会的方式：一种群体内持续社会关系的形式抽象。（2）人们用来生成与解释社会互动的文化部分。

结构主义（Structuralism） 与法国人类学家克洛德·列维－斯特劳斯密切相关的理论传统，力图发现文化现象背后表达的意识结构——尤其是两两对立的逻辑。

技术（Technology） （1）"传统意义上有效的行为"（穆斯）。（2）人们制造制品与开采资源所用的技巧与知识。

乌托邦主义（Utopianism） 相信在一个未来国度中，所有情况都能大幅改善，一切苦楚与不公平都消失殆尽。

世界体系（World system） 一个囊括整个世界并承担一体化劳动分工的社会系统。

世界观（World-view） 我们如何认识世界，这是对周围世界的感知与理解。这种思想系统对包括政治、经济、社会与宗教在内的所有事物都有影响。

上述定义大多摘自人类学教科书，在此谨向相关人士表示感谢。当然，一些术语的更全面定义现在可以在维基百科搜索得到。

参考资料

延伸阅读

欧内斯特·盖尔纳（Ernest Gellner），《后现代主义的理性与宗教》(*Postmodernism,Reason and Religion*,1992）

大卫·哈维（David Harvey），《后现代性的状况》(*The Cond-ition of Post-Modernity*,1991）

托比·胡弗（Toby Huff），《近代科学为什么诞生在西方；伊斯兰，中国和西方》(*The Rise of Early Modern Science; Islam,China and the West*,1993）

卡尔·雅斯贝尔斯（Karl Jaspers），《历史的起源与目标》(*The Origin and Goal of History*,1950）

托马斯·库恩（Thomas Kuhn），《科学革命的结构》(*The Structure of Scientific Revolutions*,1962）

雷·库兹韦尔（Ray Kurzweil），"加速循环的定律"（The Law of Accelerating Returns），（2001），[www. kurweilai.net/the-law-of-accelerating-returns]

詹姆斯·莫纳科（James Monaco），《怎样看电影：电影、传媒及其他》（*How to Read a Film:Movies,Media and Beyond*, 多版本）

刘易斯·芒福德（Lewis Mumford），《科技与文明》（*Technics and Civilization*,1934）

乔治·奥威尔（George Orwell），《动物庄园》（*Animal Farm*,1945）

卡尔·波普尔（Karl Popper），《开放社会及其敌人》（*The Open Society and its Enemies*）第五版，修订（1966）

图表来源

中华人民共和国国内生产总值（GDP）1952～2005：www.europe-solidaire.org

真实国内生产总值，中国和美国，1980～2030：www.chinaglobaltrade.com

世界经济重心的转移：www.globalenvision.org

中国人口 0-2000：www.seeingredinchina.com

计算能力的指数式增长：20 世纪到 21 世纪：www.singularity.com

网络发展－使用阶段－技术事件：www.webscience.org（马克·许勒尔）

人均国内生产总值比较水平图：中国和西欧：安格斯·麦迪森，

《世界经济千年史》(欧洲经济合作组织，2001)，第 42 页

世界观列表——来自卡尔·雅斯贝尔斯，《历史的起源与目标》(1950)，第 27 页

致　谢

任何思想都不只是一个头脑的产物。我的名字署在这本小书上，但是我的观点来源于毕生的交谈、阅读和传道授业之中。我想感谢所有这些单位和个人，特别是给予我支持的研究机构，包括剑桥大学、剑桥大学国王学院、北京凯风基金会，以及所有伴我度过这些岁月的学生和同事。

我的思想受下面几位深刻影响：我的母亲艾瑞丝·麦克法兰、我的妻子萨拉·哈里森、我的朋友盖瑞·马丁和马克·图林。新近一段时间，我受到中国朋友们的影响，诸君助我阅读书稿，评论校正：王子岚、马啸、李硕、郑丁、王莹、郭静姝、春风、朱彦夫、欧阳 echo 和段 Whitney。

马啸翻译了本书——这是我送给她女儿的礼物。莉莉·布拉克利重画了书中两幅图表。

UNIVERSITY OF
CAMBRIDGE

英国剑桥大学康河计划

保护即将消失的世界

本项目隶属于

英国剑桥大学考古与人类学博物馆
地址：英国剑桥市唐宁街CB2 3DZ

英国剑桥大学国王学院
地址：英国剑桥市国王大道CB2 1ST

康河计划简介

英国剑桥大学"康河计划"(Cambridge Rivers Project)启动于 1983 年,致力于人类学、历史学和文化遗产研究的创新、沟通与传播。它主要的任务是收集和保存即将消失的世界的信息,以展示、研究与教学等形式传播不同社会与文化的知识。它通过互联网络,让东方和西方文化可更广泛地留存、传播与交流,促进教育的国际化发展。

历史

康河计划以现代人类学的重要创始人和实践者 William Halse Rivers(1864—1922)命名。1898 年,W. H. Rivers 曾和知名学者 A. C. 哈顿共同参与托雷斯海峡人类学探险。

1984 年,康河计划创立人艾伦·麦克法兰教授荣获皇家人类学协会 Rivers 纪念奖章。为纪念 Rivers 先生,以此命名一年前成立的人类学研究计划。这个项目之所以翻译为"康河计划",源于国王学院校友徐志摩先生在剑桥留学期间创作的著名诗歌《再别康桥》,诗中提到这条流经剑桥的"康河"。

自创立后,康河计划活跃于剑桥大学社会人类学系、考古和人类博物馆及国王学院。康河计划在三十年间受到十余项世界顶尖学术研究基金会的支持，包括经济与社会研究署（The Economic and Social Research Council）、英国科学院文艺复兴基金（Renaissance Trust, British Academy）、高等教育基金署（Higher Education Funding Council）、剑桥大学研究基金（University of Cambridge Research Fund）、认识论基金（Epistemology Trust）和利华休姆信托基金（Leverhulme Foundation），等等。

三十年间，康河计划发布了二十余本学术专著、三十余篇学术论文，并已被翻译成中文、日文、意大利文、韩文等多种文字。麦克法兰教授及其他许多成员都曾在英国、尼泊尔、日本、中国、印度、缅甸等地长期从事田野调查研究。

此外，康河计划收藏大量影像资料，并和包括英国广播公司和中国中央电视台在内的世界顶尖媒体合作，一同制作学术资料片与纪录片。康河计划收藏的老纪录片拍摄年代始自 20 世纪 30 年代，包括 Ursula Graham Bower 女爵（1914—1988）及伦敦亚非学院教授 Christoph von Furer-Haimendorf（1909—1995）等人类学家在亚洲拍摄的 16 毫米纪录。从 70 年代开始，麦克法兰教授及其团队在多国拍摄与搜集的视频和录音逾一千小时，照片达十万余张。

现在

经三十年积累，在麦克法兰教授的主持下，康河计划开展的重要项目包括：剑桥大学大师访谈录、数字喜马拉雅文化保护、世界口述文献以及环球地方研究（世界茶文化、游牧文明和农耕文明系列，及英国、尼泊尔、印度、中国和日本系列）。这些数字项目多含视频、图片、档案和文库数据库。除此之外，康河计划还与多国博物馆、图书馆、档案馆与私人收藏机构合作，掌握了信息含量极大的影视人类学与历史档案文献。借助康河计划庞大的资源网络，学者们可接触世界上最为丰富的人类学与民族学资料。

基于上述的研究成果和大型数据库资源，目前康河计划向英国、日本、尼泊尔和中国的多个研究机构与非营利性组织提供咨询，并与之合作开展学术研究与应用文化项目。